乡村人才振兴培训系列教材

# 保护性耕作技术

张金福　车兆秋　黄艳红　主编

中国农业科学技术出版社

**图书在版编目（CIP）数据**

保护性耕作技术 / 张金福，车兆秋，黄艳红主编 .—北京：中国农业科学技术出版社，2021. 6

ISBN 978-7-5116-5359-8

Ⅰ. ①保… Ⅱ. ①张…②车…③黄… Ⅲ. ①资源保护-土壤耕作 Ⅳ. ①S341

中国版本图书馆 CIP 数据核字（2021）第 108784 号

**责任编辑** 周 朋
**责任校对** 李向荣
**责任印制** 姜义伟 王思文

**出 版 者** 中国农业科学技术出版社
北京市中关村南大街 12 号 邮编：100081
**电 话** (010)82106643(编辑室) (010)82109702(发行部)
(010)82109709(读者服务部)
**传 真** (010)82106631
**网 址** http://www. castp. cn
**经 销 者** 各地新华书店
**印 刷 者** 北京地大彩印有限公司
**开 本** 850 mm×1 168 mm 1/32
**印 张** 6. 125
**字 数** 121 千字
**版 次** 2021 年 6 月第 1 版 2021 年 6 月第 1 次印刷
**定 价** 28. 00 元

# 《保护性耕作技术》

## 编委会


主　编：张金福　车兆秋　黄艳红

副主编：王小红　高兴兰　王钧强

李晓玲　于凤臣　高正杰

编　委：贾永强　陈　琪　周　娟

李二伟　张秋丽　仇丽杰

李　威　戴灿伟　黄　永

姬育红　姜　楠　罗红娟

赵礼才　李新产　李　洁

# 前　言

我国是农业大国，传统的耕作方式是作物收割后再进行秋耕或春耕作业，以保证播种新作物时有适宜的土壤。但是，近年来这种传统的耕作方式受到了挑战，而保护性耕作技术越来越受到人们的关注并发展起来。保护性耕作技术是对农田实行免耕、少耕，并用作物秸秆、残茬覆盖地表，减少土壤风蚀、水蚀，提高土壤肥力和抗旱能力的一项现代农耕技术。保护性耕作技术，不仅有利于保水保土，还具有省时省力等优势，成为当前农业发展，尤其是生态脆弱区改善生态的经济、有效、现实的办法。

本书结合当前保护性耕作的发展现状，围绕保护性耕作的新技术、新模式展开编写。主要内容包括：保护性耕作技术概述、土壤保护性耕作技术、秸秆覆盖技术、保护性耕作杂草控制技术、保护性耕作病虫害防控技术、保护性耕作主要技术模式、保护性耕作技术的应用。本书语言通俗、内容丰富，突出了针对性和实用性。

由于编写时间仓促，再加上编者水平有限，书中难免存在不足之处，敬请广大读者批评指正，以便得以修订和完善。

编　者

2021 年 2 月

# 目　　录

# 第一章　保护性耕作技术概述

## 第一节　保护性耕作技术的相关概念

### 一、保护性耕作的概念

保护性耕作是用大量秸秆残茬覆盖地表，将耕作减少到只要能保证种子发芽即可，主要用农药来控制杂草和病虫害。耕作的目的是为作物生长创造良好的土壤条件，主要是疏松土壤、除草和翻埋肥料。除草可以用除草剂，也可以采取人工和机械除草。土壤有合适的容重、孔隙度，有利于土壤中水、肥、气、热的交换流通，有利于作物根系生长，满足作物生产的需要。一般的壤土总孔隙率要大于50%，充气孔隙率大于10%，才能较好地满足作物生长需求。

## 二、保护性耕作的适用范围

适用于夏玉米、春玉米、麦类以及豆类、高粱、牧草、药材等作物。适用于干旱、半干旱且地面比较平整的地区。

## 三、保护性耕作增产的原因

保护性耕作增产机理是增加土壤水分和提高肥力，尤其是对于旱区农业，土壤的水分和肥力是影响产量的两个最重要因素。

1. 蓄水保墒

秸秆覆盖免耕保持了土壤孔隙度，孔径分布均匀、连续而且稳定，因此，有较高的入渗能力和持水能力，可把雨水和灌溉水更多地保持在耕层内。而覆盖在地表的秸秆又可减少土壤水分蒸发，在干旱时，土壤的深层水容易因毛细管作用而向上输送，所以秸秆覆盖+免耕增强了土壤的蓄水功能，提高了作物对土壤水分的利用率。

2. 培肥土壤

秸秆覆盖还田既可增加土壤有机质，又可促进土壤微生物的活动。连年秸秆覆盖还田，土壤有机质递增，土壤中的全氮、全磷、速氮、速磷也会增加。另外，免（少）耕本身就有利于土壤有机质的积累。

## 四、保护性耕作机械化技术

保护性耕作机械化技术主要有 4 项，即秸秆覆盖技术；免耕、少耕施肥播种技术；杂草及病虫害防治技术；深松技术。

1. 秸秆覆盖技术

收获后秸秆和残茬留在地表作覆盖物，是减少水土流失、抑制扬沙的关键。因此，要尽可能多地把秸秆保留在地表，在进行整地、播种、除草等作业时要尽可能减少对覆盖的破坏。秸秆过长或秸秆覆盖量过多，可能造成播种机堵塞；秸秆堆积或地表不平，又可能影响播种质量。因此，需要进行如秸秆粉碎、秸秆撒匀、平地等作业。

2. 免耕、少耕施肥播种技术

与传统耕作不同，保护性耕作的种子和肥料要播施到有秸秆覆盖的地里，故必须使用专用的免耕播种机。有无合适的免耕播种机是能否采用保护性耕作技术的关键。免耕播种是指收获前茬作物后未经任何耕作直接播种；少耕播种是指播前进行了耙地、松地或平地等表土作业，再用免耕播种机进行施肥、播种，以提高播种质量。

3. 杂草及病虫害防治技术

保护性耕作条件下杂草和病虫相对容易生长，必须随时观察、发现问题并及时处理。北方旱区由于低温和干旱，近几年连续观察尚未发现严重的病虫草害情况。一般一年喷一次除草剂，机械或人工锄草一次即可，病虫害主要靠农药拌种，有病虫害出现时喷农药。一年两熟地区由于土壤水分好、地温较高，病虫草害会严重一些。

4. 深松技术

保护性耕作主要靠作物根系和蚯蚓等生物松土，但由于作业时机具及人畜会对地面压实，有些土壤还是有疏松的必要，但不必每年都深松。根据情况，可2~3年松一次。对新采用保护性耕作的地块，可能有犁底层，应先进行一次深松，打破犁底层。深松是在地表有秸秆覆盖的情况下进行的，要求深松机械具有较强的防堵能力。

## 第二节　保护性耕作技术的发展

### 一、我国北方旱区农业生产条件与存在的问题

我国是主要的干旱国家之一。干旱、半干旱及半湿润偏旱地区的面积占国土面积的52.5%，分布在昆仑山、秦岭、淮河以北的16个省区市。

旱区农业持续发展的主要问题，一是降雨少、气温低、土壤贫瘠、自然条件恶劣，产量低而不稳，农民生活贫困。近几年的持续干旱，造成北方大幅度减产，山西省2000年因干旱全省粮食减产30%以上，河北有些已经脱贫的县区，因为干旱大幅度减产，又返回贫困。2002年全国又有2 300万 $hm^2$ 农田受旱，没有重大的改革，旱区农民难以脱贫致富。二是水土流失和风蚀沙化十分严重。大量水土流失不仅导致土壤肥力下降，而且蚕食耕地，土石山区耕层变薄，黄土高原被冲得沟壑纵横、支离破碎，加剧了“旱、薄、粗、穷”的局面。

风蚀沙化则是我国北方旱区近年来更为突出的问题，由于过度的开垦及不适当的耕作方式，植被破坏，土地沙漠化愈来愈快，沙尘暴发生的频率愈来愈高。据统计，我国发生沙尘暴次数逐年上升，20世纪50年代5次，60年代8次，70年代13次，80年代14次，90年代23次。尤其是2000年春季，北方连续10次出现大范围的沙尘暴天气，横扫了大半个中国，严重影响了工农业生产和城乡人民群众的生活。

水土流失、生态恶化的原因，除大量开荒、林草植被减少外，还和耕作方式不当、管理粗放密切相关。如旱地采用的焚烧秸秆、铧式犁翻耕、土地裸露休闲等，就是不恰当的方式。翻耕可以疏松土壤、翻埋肥料杂草，再经过碎土平地，创造良好的种床，但也造成地表疏松裸露、蒸发与径流大、风刮起沙、水冲土流，这些是导致沙尘暴猖獗、荒漠化加剧的重要原因。据调查，影响京津地区的沙尘暴，70%左右的尘源来自内蒙古、山西、河北及京津周边干旱裸露的农田。为了控制沙尘暴、保护生态环境、改变旱区面貌，在大力推行退耕还林还草的同时，还需要大力发展能保护农田、减少农田扬沙、减少土壤水蚀的保护性耕作法，发展机械化可持续旱地农业。

## 二、我国保护性耕作技术的研究与发展

我国旱作农业的历史可以追溯到5 000年前。传统的砂田法、沟垄种植、修梯田、挑水下种等抗旱耕作方法都曾起到了很好的作用。近几十年来，各地又涌现出机械化深松耕法、沟播法、铺膜播种、坐水种、耙茬播种、硬茬播种、覆盖减耕和保护性耕作法等一批抗旱耕作法。

20世纪60—70年代，我国部分科研院所开始研究免耕播种技术，如20世纪60年代黑龙江国营农场免耕种植小麦试验，江苏的稻茬地免耕播种小麦试验，20世纪70年代开始南方稻田自然免耕，水稻免耕直播、免耕抛秧、免耕栽插等大量的技术模式研究。

20世纪80年代，北方开展了旱地小麦高留茬少耕全程覆

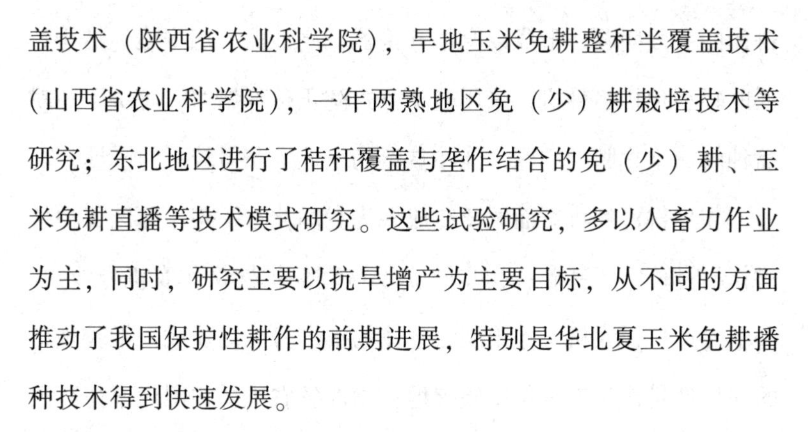

盖技术（陕西省农业科学院），旱地玉米免耕整秆半覆盖技术（山西省农业科学院），一年两熟地区免（少）耕栽培技术等研究；东北地区进行了秸秆覆盖与垄作结合的免（少）耕、玉米免耕直播等技术模式研究。这些试验研究，多以人畜力作业为主，同时，研究主要以抗旱增产为主要目标，从不同的方面推动了我国保护性耕作的前期进展，特别是华北夏玉米免耕播种技术得到快速发展。

进入20世纪90年代以来，农艺农机结合的保护性耕作系统试验开始，农机系统根据我国广大农村地块小、拖拉机动力小、经济购买力弱等有别于美国、加拿大、澳大利亚等国的国情，积极开展了适合旱作地区的轻型免耕播种机、深松机、浅松机和适合一年两熟高产地区的驱动型免耕播种机创新研究，保护性耕作的应用面积得到快速增长。这一阶段，在适合我国国情的保护性耕作机械设计和耕作技术方面取得了较大进展，证明保护性耕作不但适合我国国情，而且在小地块同样可以实现机械化作业。

### （一）第一阶段（1991—2000年）——保护性耕作在我国的适应性研究

以山西黄土高原一年一熟区的临汾冬小麦、寿阳春玉米为对象，研究适合我国小地块小动力的免耕播种机，解决实施保护性耕作的手段问题。形成以窄形开沟器、高地隙、双排梁为结构特征的轻型免耕播种机，采用被动方式防止秸秆堵塞，解决了免耕播种时深施化肥的问题，能在贫瘠的土地上获得较高的产量。

在免耕播种机方面的研究成果为我国北方一年一熟区保护性耕作机具奠定了基础；初步建立以培育保护性耕作农机专业户、种粮专业户、农机服务组织为主体的推广机制；建成一批较规范的保护性耕作长期定位试验基地；山西省农机局在国内率先开展保护性耕作示范推广工作。在此期间，成立了农业部保护性耕作研究中心。

这一阶段的研究成果，证明了保护性耕作在我国的适应性，解决了保护性耕作是否可行的问题；研究形成了一系列先进实用的中小型保护性耕作机具，解决了实施保护性耕作的手段问题。成果先后获得山西省科技进步二等奖和国家科技进步二等奖。

### （二）第二阶段（2001—2008 年）——示范推广与重点研究

1. 示范推广——北方 15 省区市

2002 年，农业部在山西省召开我国第一次全国性保护性耕作现场会，展示第一阶段保护性耕作的研究成果与应用效果，标志着我国保护性耕作已由局部地区的技术研究转为更大范围的示

范。当年，农业部启动实施保护性耕作示范工程，在我国北方8省区市38个项目县示范推广保护性耕作，由此我国保护性耕作从第一阶段的可行性研究转入第二阶段的示范推广与重点研究。

2002年，中央财政设立了专项资金，加大保护性耕作技术的试验推广力度。以建设环京津和西北风沙源头区两条保护性耕作带为目标，在北京、天津、河北、内蒙古、辽宁、山西、甘肃、陕西北方8省区市建立了38个保护性耕作示范县，这标志着我国保护性耕作的示范推广进入了新的阶段。从2003年起，中央财政每年投入3 000万元，支持保护性耕作的推广应用。在中央资金的带动下，北京、天津、山西、河北、内蒙古、辽宁、吉林、山东、河南、陕西、甘肃、宁夏、青海、新疆等省区市也建设了一批省级保护性耕作示范区和试验点。2005年中央一号文件提出“改革传统耕作方法，发展保护性耕作”，保护性耕作的研究、示范、推广应用纳入了国家农业发展的轨道。

农业部先后组织制定了《保护性耕作技术实施要点》《保护性耕作项目实施规范》《保护性耕作实施效果监测规程》等技术文件和管理规范；组织编写制作了《保护性耕作技术培训教材》《保护性耕作宣传画册》《保护性耕作机具参考目录》《保护性耕作宣传片》等资料。多地先后以政府名义印发了发展保护性耕作的意见，加大了推广实施力度；开展保护性耕作机具试验选型，向农民公布保护性耕作推荐机具。各级政府农机部门充分利用电视、广播和报刊，进行广泛的宣传报道；利用现场会、展览会等形式，对农民和基层技术骨干进行培训，提高农民的认识程度。农业部于2005年成立了部级保护性耕作专家组，各地也纷纷成立省级、县级保护性耕作专家队伍，在主要类型区设立效果监测点，跟踪监测保护性耕作应用效果。2006年，农业部与北京市政府签订协议，用3年时间，在北京全面实施保护性耕作。

农业部与国家发展改革委员会还共同编制印发了《保护性耕作工程建设规划》。截至2009年，中央财政累计投资2亿元，地方财政投入资金8亿元，带动农民投入26亿元，累计建设256个部级、315个省市级保护性耕作示范县，项目共涉及300多万户。2009年，新增投入1.3亿元，农民自筹资金超过6亿元，项目区保护性耕作技术实施面积突破5 300万亩[①]，机械化免耕播种面积达到1.3亿亩，秸秆机械化粉碎还田面积达到2.5亿亩（加上非项目区全国实施面积合计3.2亿亩）。

2. 重点研究——两熟区与垄作区

在这一阶段，除了继续研究、熟化黄土高原区的保护性耕作技术体系与机具外，重点研究具有中国特色的华北一年两熟区周

① 1亩≈667米$^2$，15亩=1公顷。全书同。

年保护性耕作技术，以及东北垄作区保护性耕作技术。

(1) 华北一年两熟区周年保护性耕作

20世纪末，夏玉米免耕播种已在华北大部分地区推广应用，在防止秸秆焚烧、节本增效、促进农业可持续发展方面发挥了巨大作用。但是，秋季玉米收获后的小麦播种仍然采用传统耕作，因此，无法实现周年保护性耕作。国外保护性耕作基本上都在一年一熟区应用，在一年两熟区保护性耕作技术方面没有成熟经验。

在国家"十五"科技攻关项目、农业部项目和有关省项目支持下，我国开始研究华北两熟区秋季玉米收获后小麦免(少)耕播种技术与机具。重点解决大量玉米秸秆覆盖条件下，小麦免耕播种机秸秆堵塞和保证播种质量问题。

经过近10年的攻关研究，先后形成适合多种秸秆覆盖条件的带状浅旋少耕播种、条带粉碎免耕播种、驱动圆盘免耕播种等动力驱动型小麦免耕播种技术与机具；部分省市还形成了适合玉米秸秆青贮地的牵引式小麦免耕播种技术与机具。这些技术已经基本成熟，已有近20个企业生产动力驱动防止秸秆堵塞小麦免耕播种机。我国在一年两熟区周年保护性耕作技术方面处于国际领先水平，联合国粮农组织、国际土壤耕作组织、欧洲保护性农业联盟等国际知名组织对这项技术给予了高度评价，多次要求有关技术人员在保护性耕作国际会议上介绍相关技术。

(2) 东北垄作区保护性耕作

在较长的时间内，东北垄作区基本上沿用的是平作区保护性耕作技术与机具，虽然取得较好的效果，但是没有在这一类型区充分发挥保护性耕作技术优势。为此，从“十一五”开始，在国家和农业部项目支持下，我国开始垄作区保护性耕作技术与机具研究。

在研究垄作保护性耕作作业工艺与技术模式的同时，研究解决垄作条件下免耕播种机的秸秆堵塞、掉垄、修垄等问题，形成一套适合垄作条件的玉米免（少）耕播种技术与机具。

在第一、第二阶段，我国基本上形成了第一代一年一熟区、一年两熟区以及垄作区的保护性耕作技术模式与配套机具。

与此同时，在长江流域、西北绿洲农业区也开展了保护性耕作技术的探索性研究，初步研究成果表明，在长江流域水田区实施保护性耕作同样可以实现机械化作业，节本增效，培肥地力；在西北绿洲农业区实施保护性耕作，可以提高土壤保水抗旱能力，有效减少灌溉用水，减轻土壤风蚀水蚀，增加产量。

（三）第三阶段（2009 年至今）——完善黄土高原与华北地区技术模式与机具，加强东北、西北和长江流域的技术研究

在第一、第二阶段，虽然我国已经基本形成了适合不同类型

区的保护性耕作技术模式以及配套机具，但是部分模式的区域适应性较差；机具种类少，可选择性少；可用机具多，好用机具少。

随着保护性耕作工程建设规划的出台，以及农业部保护性耕作示范工程项目的继续实施，我国保护性耕作推广应用的技术支撑体系将得到逐步加强；黄土高原一年一熟区的技术模式与免耕播种机需要逐步升级；一年两熟区的夏玉米免耕播种机应该升级为防堵性能更强、能实现精量播种的机具，小麦免耕播种机种类需要逐步增加；垄作区的免（少）耕播种机更加完善；西北绿洲农业区保护性耕作技术模式与配套机具需要逐步形成，并加以完善；长江流域的保护性耕作技术模式与配套机具基本形成。

## 第三节　保护性耕作技术的成效

### 一、保护性耕作改善作物生长环境

水、肥、气、热是影响作物生长的四大环境因素，而四大因素主要是通过土壤作用于农作物。“保护性耕作”名称中的“保护”实际上就是通过保护性耕作技术的实施对土壤及水、肥、气、热的影响，优化作物生长环境，实现农业生产的可持续发展，并进一步对整个生态环境的改善发挥作用。

（一）保护性耕作的保水效益

在淡水资源利用方面，我国年总取用水量约为5 500亿 $m^3$，其中农业用水量占3 800多亿 $m^3$，约占年用水总量的70%，所以淡水资源一直是农业生产得以持续发展的保障。

旱作农业没有灌溉，土壤水分基本来自降水，而降水的消耗由3部分组成。一是径流消耗。径流是指降水及冰雪融水在重力作用下沿地表或地下流动的水流。按水流来源有降水径流和融水径流；按流动方式可分地表径流和地下径流，地表径流又分坡面流和河槽流；此外，还有水流中含有固体物质（泥沙）形成的固体径流，水流中含有化学溶解物质构成的离子径流等。在降水的时候，当降水强度超过土壤渗入强度时产生地表积水，并填蓄于大小坑洼，蓄于坑洼中的水渗入土壤或蒸发。坑洼填满后即形成从高处向低处流动的坡面流。坡面流里有许多大小不等、时分时合的细流（沟流）向坡脚流动，在降水强度很大和坡面平整的条件下，可成片状流动。径流对农业生产来说是损失。二是地表蒸发，即水由液态或固态转变成气态，逸入大气中。蒸发量是指在一定时段内，水分经蒸发而散布到空中的量，通常用蒸发掉的水层厚度的毫米数表示。由于温度高，土壤中的水分以水蒸气

的形式逃逸到空气中，造成土壤水分减少。三是入渗到土壤中的雨水，其中又分为两部分，一部分保留在较浅的土层，是供给作物生长的有效耗水；另一部分渗入到深层，补充地下水。

要想增加供给作物生长的有效耗水，只能减少径流、减少蒸发。传统耕作，地面没有秸秆保护，在雨水直接拍击下，表面很容易产生径流。而保护性耕作强调秸秆覆盖效果，能减少水蚀，减少地表径流。同时，因秸秆覆盖明显减轻了阳光直射地面，降低了风力直接吹拂地面，土壤里的水分蒸发散失的速度降低，蒸发减少。因此，保护性耕作具有保水效益。

（二）保护性耕作对土壤质地的改善

1. 保护性耕作提高土壤肥力

秸秆覆盖和减少耕作，可有效提高土壤肥力，实现土壤质地改善。

我国每年生产秸秆约 6 亿 t，含氮超 300 万 t，含磷超 70 万 t，含钾近 700 万 t，相当于化肥施用量的 1/4 以上，并且含有大量的微量元素及有机质。

2. 保护性耕作改善土壤质地

保护性耕作主要依靠作物根系和蚯蚓等穿插疏松土壤。蚯蚓数量是土壤肥沃程度的重要标志。澳大利亚昆士兰试验站测定结果显示，实施保护性耕作 15 年后，少耕覆盖、免耕覆盖的蚯蚓数分别为33条/$m^2$和44条/$m^2$，而传统耕作是19条/$m^2$。导致此情况的原因是土壤含水率高，有机物质多，不翻耕土壤。秸秆还田为土壤微生物的生命活动提供了丰富的有效能源，同时在微生物活动下秸秆不断进行腐解。所以，以秸秆覆盖为主要特征之一的保护性耕作能促进土壤微生物的活动，有利于土壤质地的改善。

## 二、保护性耕作节能节本

以北京一年两熟冬小麦播种为例，传统作业需经过秸秆粉碎、施底肥、重耙、翻耕、轻耙碎土、镇压、播种共7项作业，而采用保护性耕作，仅需要秸秆粉碎、免（少）耕播种2项作业。减少了施底肥（人工撒施化肥）、重耙、翻耕、轻耙碎土和播前镇压等5项作业。作业耗油可节约50%以上。

保护性耕作保水性能好，对灌溉地区可节约一定的灌溉用能，如柴油、电等。

## 三、保护性耕作增产增效

### （一）保护性耕作的增产原理

保护性耕作对增产有利的因素主要有增加土壤水分和提高土壤肥力，对于旱区农业，这是影响产量最重要的因素。对增产不

利的因素是增加了管理难度，如要注意地温、播种质量、杂草控制等。管理跟不上，保护性耕作的增产作用就发挥不出来，甚至可能降低产量。

（二）保护性耕作增加土壤储水量

保护性耕作的保水原理是在无灌溉条件下，作物生长所需的水分基本来自降水。因此，实行以秸秆残茬覆盖和少（免）耕为特征的保护性耕作，是提高土壤储水量、保证作物用水需求的重要措施。

无论小麦还是玉米，采取保护性耕作都可以减少土壤水分无效消耗，增加土壤有效含水率。水分无效消耗的减少主要有以下3个方面。

一是秸秆覆盖遮挡太阳辐射，减少表土水分的蒸发。

二是降低雨滴对表土的直接冲击，减少结壳，有利于降水入渗；秸秆根茬延滞水流，径流出现晚；腐烂根茬形成的天然孔道，为水分入渗创造良好条件，从而减少地表径流，增加雨水入渗。

三是减少土壤耕作次数，对土壤搅动少，土壤水分的蒸发面小。

（三）提高水分利用效率

保护性耕作使径流减少、蒸发减少，从而提高了水分利用效率，为增产创造了条件。10 多年来保护性耕作冬小麦休闲期蓄水量高于传统耕作 15.0%，比较干旱的 5 年高 20.0%以上。蓄水量的增加有利于干旱年景的小麦出苗和根系发育，为增加产量奠定了基础，水分利用效率平均高于传统耕作 24.4%，小麦产量增加 18.2%；春玉米休闲期蓄水量比传统耕作增加 14.8%（免耕覆盖）和 13.3%（深松覆盖），水分利用效率平均比传统耕作提高 14.8%（免耕覆盖）和 14.3%（深松覆盖），玉米产量提高 16.5%（免耕覆盖）和 17.1%（深松覆盖）。

**（四）提高土壤肥力**

保护性耕作把大量秸秆通过覆盖的方式还田，直接增加了土壤有机质。减少耕作，特别是取消翻耕，可以间接增加有机质。保护性耕作主要依靠作物根系和蚯蚓等穿插疏松土壤。保护性耕作能够明显增加蚯蚓数量，而蚯蚓数量是土壤肥沃程度的重要标志。

# 第二章　土壤保护性耕作技术

## 第一节　免耕或少耕播种施肥技术

免耕、少耕法主要是以不使用铧式犁（有壁犁）耕翻和尽量减少耕作次数为主要特征，从尽量减少耕作次数发展到一定年限内免除一切耕作。

免耕技术是近代发展起来的一项保护性技术，虽常规耕作在世界各地仍占主流，但是免（少）耕有将其逐步替代的趋势。由于社会经济的快速发展和人口的急剧膨胀，人们对农产品需求逐渐增加，各国所采取的对策只能是开垦荒地和提高单产。这种方式所带来的劳动量增加，以及频繁的土地耕作尤其是那些不合理的耕作方式，不仅增加了生产成本和能源消耗，而且使土壤结构受到破坏，加剧了土壤养分和水分的消耗，加重了干旱地区水土流失和风蚀，因此不同类型的免耕法便显得十分重要。

免耕是免除土壤耕作直接播种农作物的一类耕作方法。主要是以不使用铧式犁耕翻为主要特征，从尽量减少耕作次数发展到一定年限内免除一切耕作。美国已基本取消了铧式犁翻耕作业，澳大利亚也已全面取消了铧式犁翻耕，实行免耕法的农场使用的农业机械仅有3种，即播种机、喷雾植保机械和联合收割机。这种免耕法是保护性耕作的最高形式。免耕技术，即农田保护性耕作技术，是以作物秸秆残茬覆盖在地面，不翻耕土壤，通过特定的免耕播种机一次完成破茬、开沟、播种、施肥、撒药、覆土、镇压等作业的耕作方式，在以后作物全部生长期间，除了采用除草剂控制杂草外，不再进行任何田间作业，直到收获。

## 一、免耕的作用

### （一）减少地表径流量

由于地表覆盖秸秆或留有作物残茬，增加了地表的粗糙度，阻挡了雨水在地表的流动，增加了雨水向土体的入渗，相应减少了地表径流量。免耕与传统耕作相比，地表径流可减少50%左右。免耕下产生径流的时间与传统耕作不同。在降水强度为1.375mm/min时，传统耕作5min即产生径流；免耕25min才产生径流，且径流量小。免耕的这一作用在降水较少的干旱和半干旱地区表现得特别明显，而在降水较多的湿润地区相对较弱。

（二）减少土壤侵蚀

免耕由于不扰动土壤，增加了土壤的抗蚀性。加之土壤表层的秸秆减少了雨水与土壤表层直接接触的机会，同时可吸收下降水滴的能量，减弱了土壤侵蚀的动力来源，相应减少了雨水对土壤的冲刷，从而减少土壤侵蚀，在降水大的地区更为明显。众多研究表明，免耕可大大减少土壤侵蚀甚至减少为零。

（三）减少土壤水分蒸发，提高土壤水分的有效性

地表的秸秆减少了太阳对土壤的照射，可降低土壤表层温度。加之覆盖的秸秆阻挡水汽的上升，因此免耕条件下的土壤水分蒸发大大减少。免耕条件下，在太阳辐射中，土壤接受的红外光（630nm）和远红外光（730nm）的量随着秸秆量的增加逐渐减少。并且土壤的最高温度和平均温度低于传统耕作。

（四）改善土壤结构

由于免耕不扰动土壤，这对于保持和改善土壤结构大有好处。许多研究表明，免耕可增加土壤团聚体数量、改善土壤结构。免耕条件下土壤的水稳性团聚体可增加50%~67%。传统耕作一方面由于耕作对土壤的扰动破坏土壤结构，另一方面由于机械对土壤的压实作用，往往造成表层土壤容重增加、土壤板结，从而影响作物根系的发育。

### （五）提高土壤有机质含量

由于秸秆的分解，每年向土壤中增加一部分秸秆分解物质，因此免耕可增加土壤有机质。免耕表层0~7.5cm土壤生物碳、全碳、有机磷、有机硫、有机氮高于土层7.5~15cm，而传统耕作中则相差不大。免耕中表层土壤生物碳和有机质含量比传统耕作中分别高27%和8%。免耕中土壤有机质含量高除了与秸秆分解有关外，土壤中有机质的矿化率低也是其原因之一。在土壤表层（0~30cm）有机碳初始含量3.6kg/$hm^2$情况下，一年的传统耕作中矿化掉0.95kg/$hm^2$，而免耕中仅矿化0.45kg/$hm^2$。

美国和澳大利亚对保护性耕作的治沙效果进行了测定，只要免耕并保持30%的秸秆覆盖，田间起沙程度可减少70%~80%。田边种树也是农田保护的一项措施，可以降低风速和阻挡近地面沙粒波动、跃动。在沙漠边缘地区植树更有防止土壤沙化的作用，但它阻挡不住上升的粉尘粒，因而减轻沙尘暴的作用有限。防治沙尘暴必须植树、种草、农田保护性耕作三方面并举，缺一不可。

## 二、保护性耕作的种子处理技术

免耕播种时应选用良种，发芽率要求在90%以上，纯净度要高。这就要求对农作物种子进行播前处理，提高种子对不良土壤和气候环境的抵御能力，从而提高田间发芽率和出苗率。生产上

种子的处理一般有种子精选、浸种、药剂或肥料拌种等。

（一）种子精选

作为免耕秸秆覆盖的农作物种子，必须在纯度及发芽率等方面符合种子质量的要求。一般种子纯度应该在96%以上，发芽率要在90%以上，不能有麦芒等杂物存在，以免影响种子的流动。为了达到上述标准，播前应进行种子的精选，剔除空瘪粒以及病虫害粒。生产可以用筛选、风选和液体比重选种等。

（二）种子处理

种子处理是采用各种有效措施，包括物理、化学、生物的方法，以增强种子的活力，提高种子在地表平整度较差及免耕地表容重较大等不利条件下的抵抗能力，并且杀死种子中的病虫害，以达到全苗和壮苗的目的。免耕由于地面留有覆盖物，地温较低，导致作物播种与出苗推迟，而且覆盖的秸秆及残茬给病菌和害虫提供了很好的栖息场所，易造成病虫害的蔓延，不利于作物的高产与优质。故免耕覆盖后的作物种子必须进行消毒处理，这在生产上是预防作物病虫害的重要手段，如小麦上的锈病、腥黑穗病、秆黑粉病、叶枯病等。经过种子消毒可将病虫害消灭在播种前。常用的消毒方法有以下5种。

1. 温汤浸种

用较高的温度杀死种子表面和潜伏在种子内部的病菌，并且可以促进种子的萌发。这种浸种方法应该根据不同作物种子的生理特点，严格掌握浸种的时间和温度。如小麦与大麦，先用冷水浸5~6h，然后放到50℃左右的温水中不断搅动，10min后取出，用冷水淋洗晾干后就可播种，这种方法可以有效杀死潜伏在种子中的散黑穗病菌；玉米，用55℃温水浸种5~6h，可以杀死潜伏在种子表面的病菌。

2. 石灰水浸种

利用石灰水膜将空气和水中的种子隔绝，使得附着在种子上的病菌窒息死亡。用浓度为1%的石灰水浸种，水面高于种子10~15cm，在35℃下浸种1d，20℃下则需浸种2~3d。浸种后用清水洗净晾干就可播种。浸种时应注意不能破坏石灰水膜，以免空气进入而影响种子的杀菌效果。这种浸种方法可以有效地杀死潜伏在大麦和小麦种子中的赤霉病、大麦条纹病和小麦散黑穗病的病原菌。

3. 药剂（浸）拌种

药剂拌种是用药剂来防治病虫害。不同作物的种子所带的病菌不同，故处理时应该合理地运用药物。严格掌握药剂的浓度和时间。如用福尔马林防治小麦腥黑穗病和秆黑粉病时，需在320倍液下浸种10min左右。药剂拌种可使种子表面附着一层药剂，不仅可以杀死种子内外的病原菌，播后还可以在一定时间内防止种子

周围土壤中的病原菌对种苗的侵染。为了减少病虫的为害，生产上播种前应进行药剂拌种，拌种药剂和剂量应根据当地病虫害的具体情况选用。

4. 生长调节剂处理种子

在生产中往往由于各种因素的干扰，如一定的水分、温度和湿度条件下会影响种子的发芽，而生长调节剂就可以通过种子内部的酶及激素的调控来减轻这些危害，从而提高种子的发芽、生根，达到苗齐、苗匀和苗壮。生产中常用的调节剂处理有赤霉素处理、生长素处理以及矮壮素处理等，生产中可以根据不同的目标进行相应的操作，从而提高免耕覆盖下种子的发芽能力，达到苗齐、苗匀和苗壮的目标。

5. 种子包衣处理

将杀菌剂、杀虫剂、植物生长调节剂等物质包裹在种子的外面，使种子成形，提高种子的抗病性，加快发芽，促进出苗，增加产量和提高品质的一项种子新技术。研究表明，种衣剂能够减少小麦苗体的水分消耗，改善了小麦体内的水分状况，有利于维持正常的代谢活性，减缓了干旱条件下小麦叶片可溶性蛋白质和光合色素的降解，有助于光合作用的顺利进行；能够降低小麦苗体高度，促进根系的生长，有助于小麦增强对土壤水分的处理能力；另外，种衣剂处理抑制超氧阴离子的产生和丙二醛的积累，降低了小麦苗体的膜脂过氧化水平，能延缓小麦叶片的衰老过程，使细胞膜机构趋于稳定。这项技术可以运用到小麦、玉米、大豆和棉花等农作物上。

## 三、保护性耕作的播种技术

播种技术是免耕覆盖的核心，也是保护性耕作的关键技术，播种的好坏对于作物的生长发育以及最终的产量和品质的形成有很大的影响。作物的种类、气候和土壤条件强烈影响播种质量。与传统耕作不同。保护性耕作的种子和肥料要播施到有秸秆覆盖地里，必须使用特殊的免耕播种机。有无合适的免耕播种机是能否采用保护性耕作技术的关键。

### 1. 免耕施肥播种的方式

免耕施肥播种的主要方式有两种。

(1) 直接施肥播种

用免耕播种机一次性完成开沟、播种、施肥、覆土、镇压等作业。

(2) 带状旋耕施肥播种

用带状旋耕播种施肥机一次性完成带状开沟、播种、施肥、覆土、镇压作业。

2. 免耕施肥播种的基本原则

播种的基本原则是尽可能地在适墒、足墒时下种，目的是确保播种质量，防止机播作业过程中出现“黏、缠、堵、停”等现象。在墒情合适的情况下，适期播种，以便争取光热资源，促进出苗分蘖，尤其是在大量秸秆和残茬覆盖的情况下，由于秸秆直接影响土地吸收光热而导致低温的情况。

3. 播种深度

播种深度总体而言宜浅不宜深，原则上应该控制在2~3cm，最大不要超过4~5cm。实际操作中可以根据墒情适度掌握深度，坚持“墒大浅播，墒小深播，早播可深，晚播宜浅”的原则。同时，要注意土地黏度和松散性、湿度，掌握播种深浅。流动性好浅播，流动性差深播。坚持以上方法同样也是考虑到地表大量秸秆残茬的覆盖，不利于地表吸收光热而导致地温较低。

4. 播种量

播种量应该与传统作业下的播种量基本保持一致或者略为偏高。播种量的确定还应根据地力、作物品种的特性、土壤种类和墒情、播期等因素而定。在一年两熟地区开展保护性耕作技术。由于机具性能等方面还不尽完善，播种机具的适应性较差，难以达到精密播种的要求，再加上秸秆残茬带来的一系列问题，所以播种量不宜低。

### 四、保护性耕作的底肥施用技术

施肥技术同样也是免耕覆盖的重要技术，也是保护性耕作的核心技术。施肥不仅能提供作物所需要的营养，增加作物的产量，改善产品的品质，并且能提高作物对不良环境的抵御能力，这对于保护性耕作具有重要的意义。由于覆盖在地表的秸秆需要腐解，必然会对肥料的使用产生一定的影响，故免耕覆盖下的施肥必然与常规耕作下的施肥有着一定的不同。施肥应考虑多种因素的影响，施肥时必须考虑气候因素、土壤条件、肥料的性质，做到合理施肥。免耕覆盖条件下的施肥应该注意合理的施肥量与施肥的深度。

## 第二节　表土处理技术

保护性耕作与传统耕作的最大区别之一就是取消铧式犁翻耕，而且绝大多数情况下实行免耕播种，这样对作物生长带来以下 3 方面的问题：一是地表容重较大，免耕播种时阻力大；二是收割机收获、运粮、深松等作业时会在地表产生沟辙，地表平整度较差，会影响播种质量；三是秸秆覆盖量过大或分布不均时，会影响播种机的通过性。所以，应在播种前，应考察

地表状况，决定是否进行表土作业。假如地表不平度较大，秸秆较多或成堆，则应进行如浅松、弹齿耙耙地或必要时选用旋耕机浅旋等表土作业，以改善地表状况。尤其是在地温较低的地方，表土作业还可提高表土地温。有利于播种和出苗。假如地表状况较好（平整、秸秆量适中），则可不进行表土作业，直接播种即可。

多年的生产实践发现，保护性耕作由于地表不平整。秸秆覆盖量过多或覆盖物分布不均匀等原因，会导致播种时播深不一致。种子分布不均匀，甚至出现缺苗断垄等播种质量问题，严重影响作物的产量。为了降低不利影响，除了一方面要改进播种机性能，提高适应能力外，另一方面播种前要检查地表状况，进行秸秆粉碎、撒匀。耙地或浅松，适当减少覆盖量、疏松平整等表土性作业。

## 一、表土处理的作用

表土处理是为了保持良好的地面覆盖和不过分影响播种作业。一般情况下，若保护性耕作地地表不平、地表较硬、覆盖量大，不利于播种与出苗。为了减少地表秸秆覆盖量，平整地表，灭除杂草，增加地表温度和提高播种质量，保护性耕作地要进行适当的地表处理。

保护性耕作的表土处理主要有以下作用：降低土壤容重，为播种创造良好的条件，有助于作物出苗；平整收割机收获、运粮深松等作业时在地表产生的沟辙，提高播种质量；清理秸秆，有助于播种机的顺利通行。

## 二、播前表土作业的原则

播前表土作业是相对深松、翻耕等深层作业而言，它仅对表土、杂草及覆盖物产生影响。主要包括浅旋、浅耙等技术，主要用于灭茬、除草、埋肥及播前整地。

选择表土处理方式时，应遵循以下原则。

第一，坚持因地制宜的原则。根据当地作物秸秆覆盖量和地表平整情况，选择适合当地要求的表土处理方式。

第二，坚持需要原则。能不进行表土作业的，尽量不用，确需采用的应慎用。

第三，坚持成本最少原则。应统筹考虑保护性耕作的作业成本，采用表土作业时，尽量选用复式作业和联合作业，如选用联合旋耕整地机、旋耕施肥播种机等复式作业机械。

第四，合理把握表土作业深度。秋季作业深度不超过 8cm，春季作业深度不超过 6cm。同时应满足其他作业质量技术要求。

## 三、表土作业的方法

表土作业在适当减少秸秆覆盖量的基础上，一般可选用缺口圆盘耙、浅松机、弹齿耙等进行作业，特殊情况下也可用旋耕机进行浅旋。

1. 适当减少秸秆覆盖量

在生产中当每公顷秸秆量超过3 000kg时，应当采取下列方法减少秸秆覆盖量：一是休闲期进行秸秆粉碎还田或浅旋处理，这样一次可减少秸秆量30%；二是利用机械除草作业，每次可减少秸秆量10%~15%；三是播前进行地表处理。

2. 浅耙作业

用圆盘耙进行表土作业时，除实现松土、平地、除草外，圆盘耙还会把部分秸秆混入土中，有利于播种机的通过。但在土壤含水率不合适（较大或过小）时，圆盘耙耙地会出现较大的坷垃，对密植作物的播种和出苗有一定的影响，故耙地要在土壤墒情合适时进行。

3. 浅松作业

带碎土镇压轮的大箭铲式比较适合冬小麦的保护性耕作，前者用大箭铲在土层下5~8cm处通过，随带的碎土镇压轮可实现碎土等功能，后者的小铲和弹性铲柄会在作业时产生震动，也有利于碎土。表土作业后，地表的土壤容重有较大幅度的下降，可以减少播种机的开沟阻力40%左右，这一点对小型播种机意义较大；浅松还有良好的除草作用，可代替播前的一次除草；浅松后的地表平整度有较大的改善，可以提高播种质量。

浅松作业一般在播前1~2d进行。

4. 浅旋作业

用旋耕机进行浅旋也是表土作业的一种。浅旋作业能松土平地、除草，并将秸秆部分粉碎混入土中，有利于为播种创造良好的种床，但旋耕作业会打死土层中的蚯蚓，对土壤结构破坏较大，不利于保水、保土。所以，一般不提倡进行旋耕。只有在刚实行保护性耕作的地区，可能因没有其他表土作业机具，或因为对免耕播种机掌握不好等原因，为了保证良好的播种质量，可过渡性地使用旋耕。

浅旋作业应在播种前10~15d进行，这是为了保证旋耕后土壤有足够的时间回实。否则，刚旋耕完播种，会出现土壤过于松软，播种深度无法控制的现象。用旋耕机进行浅旋时，作业深度应控制在10cm以内。

在保证播种质量的前提下，保护性耕作要尽可能减少机械作业。一般根据秸秆覆盖量和表土状况确定是否采用辅助作业措施（耙地、浅松）进行表土处理。必须进行表土浅旋作业时，一般

在播种作业前进行，以防止过早作业引起大的失墒和风蚀。为尽可能减少机械作业，播种时尽可能采用复式作业机具。

## 第三节　土壤全方位深松技术

### 一、深松的概念

深松是指疏松土层而不翻转土层的土壤耕作技术。深松有全面深松和局部深松两种。

1. 全面深松

用深松机在工作幅宽上全面松土，这种方法适于配合农田基本建设，改造耕层浅的黏质土。

2. 局部深松

用杆齿、凿形铲或铧进行间隔的局部松土。

深松既可以作为秋收后主要耕作措施，也可用于春播前的耕地、休闲地的松土、草场更新等。

具体形式有全面深松、间隔深松、浅翻深松、灭茬深松、中耕深松、垄作深松、垄沟深松等。

深松的深度视耕作后的厚度而定。一般中耕深松深度为20~30cm、深松整地为30~40cm，垄作深松深度为25~30cm。

## 二、深松特点

不翻转土壤，不打乱耕作层，只对土壤起到松动作用。

## 三、深松作用

第一，打破犁底层，有利于雨水的入渗与作物根系的发育。

第二，不打乱耕作层，改善了土壤的透水、透气性，改善了土壤的团粒结构。

## 四、深松质量要求

深松不必年年进行，一般3~5年深松一次。在土壤墒情条件适宜的情况下尽早作业，早蓄水，深度25~35cm，深耕一致，地表平整，无坷垃、无深沟。如松的深度不够，则出现地表不平等现象。

## 五、深松技术要求

采用“V”形全方位深松机根据不同作物、不同土壤条件进行相应的深松作业，主要技术要求如下。

### 1. 适耕条件

土壤含水率在15%~22%。

2. 作业要求

深松时间应选在作物收获后立即进行，作业中松深一致，不得有重复或漏松现象。深松深度为35~50cm。

3. 作业周期

根据土壤条件和机具进地次数，一般3~5年深松一次。

4. 机具要求

推荐使用中国农业大学研制的ISQ系列深松机。

深松法能避免翻耕法翻耕土壤过程中散失大量水分的弊端，但不能翻埋肥料、杂草、秸秆，不利于减少病虫害。

## 第四节　松土补播技术

### 一、技术要求

1. 少耕

采用免耕覆盖施肥播种机或精量带状旋播机，利用适时降水，在能机械作业的天然草原进行少耕作业，一次性完成灭茬、带状旋耕、松土、开沟、施肥、播种、覆土、镇压等多项工序。作业后形成宽窄行种植模式，即带状旋播带幅宽为10cm，未播带为30cm，窄行为优质牧草生长带，宽行为不破坏植被的自然修复带。

2. 免耕

采用牧草免耕松土补播机，一次性完成开沟、施肥、播种、覆土、镇压等工序，免耕地表开沟小，对植被破坏程度小，安装的单体仿形结构保证了在高低起伏的作业条件下的播种质量。作业后形成窄沟带与宽带的补播模式，窄沟带为2~3cm，宽带为39cm，这种模式基本上不动土，达到了不破坏植被而又挤插播种的效果，有效地抑制了扬尘。

## 二、增产机理

1. 不动土或少动土

实现了机械改良与自然修复相结合，恢复、建设了生态。

2. 防风蚀水蚀

由于少破坏或不破坏植被，天然草原自然生长的野草，阻挡降低了地表风速，有效地减少了风蚀。据试验观测，机械耕翻播种改良草原遇到下急雨，容易产生径流，带走了耕翻带土壤中的养分，使土壤遭水蚀。实行免耕、少耕而减少土地裸露面积。基本不会产生径流。

3. 提高了作业质量

采用的补播机械都安装了仿形装置，保证了播种量、播种深度、镇压的一致性和均匀性，提高了出苗率和成活率。

4. 减少了作业环节

既节约了能源和油料消耗，又降低了作业成本。与机械耕翻播种相比，减少了耕翻、施肥、播种等多项不必要的环节，因此在能源消耗和作业成本方面节省了大量的作业和工时费。

# 第三章　秸秆覆盖技术

## 第一节　秸秆种类和利用价值

### 一、秸秆种类

秸秆一般主要包括禾本科和豆科类作物秸秆。其中，属于禾本科的作物秸秆主要有麦秸、稻草、玉米秸、高粱秸、荞麦秸、黍秸、谷草等；属于豆科的作物秸秆主要有黄豆秸、蚕豆秸、豌豆秸、花生秸等；此外，还有甘薯、马铃薯和瓜类藤蔓等。

### 二、秸秆的利用价值

秸秆的综合利用途径主要有 5 种：肥料、饲料、燃料、工业原料和食用菌基料。

1. 秸秆的肥料价值

秸秆中含有大量的有机质、氮、磷、钾和微量元素，是农业生产中重要的有机质来源之一。据统计，每100kg鲜秸秆中含氮0.48kg、磷0.38kg、钾1.67kg，折合成传统肥料相当于2.4kg氮肥、3.8kg磷肥、3.4kg钾肥。将秸秆还田可以提高土壤有机质含量，降低土壤容重，改善土壤透水、透气性和蓄水保墒能力，除此之外，还能够改变土壤团粒结构，有效缓解土壤板结问题。若每公顷土壤基施秸秆生物肥3 750kg，其肥效相当于碳酸氢铵1 500kg、过磷酸钙750kg和硫酸钾300kg。因此，充分利用秸秆的肥料价值还田，是补充和平衡土壤养分的有效措施，可以促进土地生产系统良性循环，对于实现农业可持续发展具有重要意义。

2. 秸秆的饲料价值

农作物秸秆中含有反刍牲畜需要的各种饲料成分。这为其饲料化利用奠定了物质基础。测试结果表明，玉米秸秆含碳水化合物约30%以上、蛋白质2%~4%和脂肪0.5%~1%。草食动物食用2kg玉米秸秆增重净能相当于1kg玉米籽粒，特别是采用青贮、氨化及糖化等技术处理玉米秸秆后，效益更为可观。为了提高秸秆饲料的适口性，还可对农作物秸秆进行精细加工，在青贮过程中加入一定量的高效微生物菌剂，密封贮藏发酵后，使其变成具有酸香气味、营养丰富、适口性强、转化率高、草食动物喜食的秸秆饲料。

3. 秸秆的燃料价值

作物秸秆中的碳使秸秆具有燃料价值，我国农村长期使用秸秆作为生活燃料就是利用秸秆的这一特性。农作物秸秆中碳占很大比例，其中粮食作物小麦、玉米等秸秆含碳量可达40%以上。对于科学利用秸秆这一特性主要有两种途径：一种途径是将秸秆转化为燃气，1kg 秸秆可以产生 $2m^3$ 以上燃气；另一种途径是将秸秆固化为成型燃料。

4. 秸秆的工业原料价值

农作物秸秆的组成成分决定其还是一种工业制品原料，除了传统可以作为造纸原料外，秸秆工业化利用还有多种途径。一是在热力、机械力以及催化剂的作用下将秸秆中的纤维与其他细胞分离出来制取草浆造纸、造板。二是以秸秆中的纤维作为原料加工成汽车内饰件、纤维密度板、植物纤维地膜等产品。三是将作物秸秆制成餐具、包装材料、育苗钵等，这是近几年流行的绿色包装中常用的原材料。四是利用秸秆中的纤维素和木质素作填充材料，以水泥、树脂等为基料压制成各种类型的纤维板、轻体隔墙板、浮雕系列产品等建筑材料。

5. 秸秆的食用菌基料价值

农作物秸秆主要由纤维素、半纤维素和木质素三大部分组成，以纤维素、半纤维素为主，其次为木质素、蛋白质、树脂、氨基酸、单宁等。以秸秆纤维素为基质原料利用微生物生产单细胞蛋白是利用秸秆纤维素最为有效的方法之一。用秸秆作培养基栽培食用菌就是该原理的实际应用。

## 第二节　秸秆覆盖还田技术

### 一、技术原理

秸秆覆盖还田技术指在农作物收获前，套播下茬作物，将秸秆粉碎或整秆直接均匀覆盖在地表，或在作物收获秸秆覆盖后，进行下茬作物免耕直播的技术，或将收获的秸秆覆盖到其他田块。秸秆覆盖还田有利于减少土壤风蚀和水蚀、减缓土壤退化，同时能够起到调节地温、减少土壤水分的蒸发、抑制杂草生长、增加土壤有机质的作用，而且能够有效缓解茬口矛盾、节省劳力和能源、减少投入。覆盖还田一般分 4 种情况。套播作物：如小麦、水稻、油菜、棉花等，在前茬作物收获前将下茬作物撒播田间，作物收获时适当留高茬秸秆覆盖于地表。直播作物：如小麦、玉米、豆类等，在播种后、出苗前，将秸秆均匀铺盖于耕地土壤表面。移栽作物：如油菜、甘薯、瓜类等，先将秸秆覆盖于地表，然后移栽。夏播宽行作物：如棉花等，最后一次中耕除草施肥后再覆盖秸秆。果树、茶桑等：将农作物秸秆取出，异地覆盖。

## 二、工艺流程

1. 小麦秸秆全量覆盖还田种植玉米

分为套播和免耕直播两种方式。套播玉米主要技术流程为小麦播种（每3行预留30cm的套种行）→小麦收获前7~10d玉米套种→小麦收获→秸秆粉碎均匀抛撒覆盖→玉米田间管理。

免耕直播主要技术流程为收割机机收小麦→秸秆粉碎均匀抛撒覆盖→玉米免耕播种机播种玉米（或人工穴播）→撒施种肥和除草剂→玉米田间管理。

2. 水稻秸秆全量覆盖还田种植小麦

分为套播、免耕直播、零共生直播3种方式。

套播小麦主要技术流程为水稻收获前7~10d套种小麦→水稻收获→秸秆粉碎均匀抛撒覆盖→撒施基肥→开沟覆土→小麦田间管理。

免耕播种主要技术流程为收割机机收水稻→秸秆粉碎均匀抛

撒覆盖→小麦免耕播种机播种小麦→撒施种肥和除草剂→小麦田间管理。

零共生直播与套播相似，关键技术是采用加装小麦播种机的收割机收获水稻，主要技术流程为收割机机收水稻→加装的小麦播种机同步播种→秸秆粉碎均匀覆盖→基肥施用→开沟覆土→小麦田间管理。

3. 油菜免耕覆盖稻草栽培技术

主要分套播、直播和移栽 3 种技术。

稻田套播油菜技术流程为水稻收获前 3～5d，将油菜种子均匀撒在稻田中→机收水稻+秸秆粉碎覆盖还田→施入基肥→开沟覆土→田间管理。稻田套播较适宜于季节紧张前茬收获偏迟的田块，以及田地较烂，不适宜于机械播种的田块。

直播油菜技术流程为水稻机收→秸秆粉碎平铺还田→施入基肥和腐熟剂→开沟覆土→油菜直播→田间管理。

移栽油菜主要技术流程为水稻机收→喷药除草→挖窝移栽油菜→稻草顺行覆盖行间。

4. 小麦/油菜秸秆全量还田水稻免耕栽培技术

主要技术流程为在小麦/油菜收割前 7～15d 进行水稻撒种→机收小麦/油菜，留高茬 30cm→秸秆粉碎抛撒还田→施足底肥→及时上水→水稻种植。

5. 早稻稻草覆盖免耕移栽晚稻

主要技术流程为早稻齐田面收割→将新鲜早稻草均匀撒于田间→水淹禾茬→施入基肥→手插移栽（将晚稻秧苗直接插在4蔸早稻禾茬的中央）或抛秧→2~3d后撒施化学除草剂。

6. 玉米秸秆覆盖还田

此法又可分为半耕整秆半覆盖、全耕整秆半覆盖、免耕整秆半覆盖、二元双覆盖、二元单覆盖等几种模式。

半耕整秆半覆盖主要技术流程为人工收获玉米穗→割秆硬茬顺行覆盖（盖70cm，留70cm）→翌年早春在未覆盖行内施入底肥→机械翻耕→整平。在未覆盖行内紧靠秸秆两边种两行玉米。

全耕整秆半覆盖主要技术流程为收获玉米→秸秆搂集至地边→机械翻耕土地→顺行铺整玉米秸（盖70cm，留70cm）→翌年早春施入底肥→在未覆盖行内紧靠秸秆两边种两行玉米。

免耕整秆半覆盖主要技术流程为玉米收获→秸秆顺垄割倒或压倒，均匀铺在地表形成全覆盖→翌年春播前按行距宽窄，将播种行内的秸秆搂（扒）到垄背上形成半覆盖→玉米种植。

二元双覆盖主要技术流程为玉米收获→以133cm为一带整秆顺行铺放宽66.5cm→翌春在剩下的66.5cm空档地起垄盖地膜→膜上种两行玉米。

二元单覆盖主要技术流程为玉米收获→在133cm带内开沟铺

秸秆→覆土越冬→翌年春季在铺埋秸秆的垄上覆盖地膜→膜上种两行玉米。

## 三、技术要点

1. 小麦秸秆全量覆盖还田种植玉米技术要点

一是小麦机械化播种技术，采用“三密一稀”或“四八对垄”等方式，以便于玉米行间套种。

二是玉米套种技术，一般采用人工点播器播种在麦行间套播玉米。这一方面杜绝了小麦秸秆田间焚烧的可能性；另一方面解决了大量麦秸还田后的玉米播种难题。套种可为玉米多争取 7d 左右的生长期，麦收时玉米苗高度不足 2cm，只有 2~3 片叶，不怕机械碾压。

三是小麦联合收割技术，采用联合收割机收获，配以秸秆粉碎及抛撒装置，实现小麦秸秆的全量还田，这是小麦秸秆全量还田的基本作业环节。

2. 水稻秸秆全量覆盖还田种植小麦技术要点

一是水稻收获技术。选择洋马、久保田等带秸秆切碎的收割机。使秸秆同步均匀抛撒于田面。

二是小麦播种技术，在水稻收获前 7d 采用机械将小麦均匀抛撒于田间；或采用安装了播种装置的收割机，集成水稻收割、小麦播种、碎草匀铺同步进行，并实现小麦的半精量播种和扩幅条播。

三是及时开沟，在田间以 2~2.5m 为距进行机械开沟，土壤向两侧均匀抛撒覆盖于稻草上，既有利于改善小麦苗期光照条件，提高抗冻能力，又有利于防止小麦后期倒伏。

3. 油菜/小麦秸秆覆盖水稻种植技术要点

一是水稻种植技术，药剂浸种 48h，使种子吸足水分。油菜/小麦收获前 7~15d，将稻种均匀撒播于田间，田头、地角适量增加播种量，提高出苗均匀度，播后用绳拉动植株，使稻种全部落地。

二是油菜/小麦机械收获技术，留高茬 30cm 左右，自然竖立田间，其余麦（油菜）秸秆就近撒开或埋沟，任其自然腐解还田。

4. 低割早稻禾茬法免耕栽培晚稻技术要点

一是早稻收获技术，对禾茬尽量往下低割，一般只留禾茬高 2cm 为宜，有利于抑制早稻再生分蘖能力；同时将秸秆粉碎均匀铺撒田间。

二是水淹禾茬技术，切断氧气，使禾茬迅速分解腐烂失去再生能力，是晚稻低割免耕栽培技术的关键所在。要求低割后 12h 以内灌水，水层要全面淹过所有禾茬，时间要持续 3~4d。

三是晚稻移栽技术，栽种时将秧苗从早稻禾茬行间插下。

5. 玉米秸秆覆盖还田技术要点

主要是要注意覆盖或沟埋行与空行的宽度，可根据各地种植习惯和秸秆覆盖（沟埋）量适当调整，但要与耕作机械配套，以便于机械化作业。其次是玉米整秆覆盖田苗期地温低、生长缓慢，第一次中耕要早、要深，在4~5叶期进行，深度为10~15cm，以利于提高地温。

## 第三节　农作物秸秆间接还田技术

秸秆间接还田（高温堆肥）是一种传统的积肥方式，它是利用夏秋季高温季节，采用厌氧发酵沤制而成，其特点是积肥时间长、受环境影响大、劳动强度高、产出量少、成本低廉。常见的秸秆间接还田的方法有5种。

### 一、堆沤腐解还田

秸秆堆肥还田还是我国当前有机肥源短缺的主要途径，也是中低产田改良土壤、提高培肥地力的一项重要措施。它不同于传统堆置沤肥还田，主要是利用快速堆腐剂产生大量纤维素酶，在较短的时间内将各种作物秸秆堆制成有机肥，如“301”菌剂，这些元素可使秸秆直接还田简便易行，具有良好的经济收益、社会效益和生态效益。现阶段的堆沤腐解还田技术大多采用在高温、密闭、嫌气性条件下腐解秸秆，能够减轻田间病、虫、杂草等为害，但实际操作技术较高，所以给农户带来一定困难，难于大范围推广。

## 二、烧灰还田

这种还田方式主要有两种。一种是作为燃料燃烧，这是国内农户传统的做法；另一种是在田间直接焚烧。田间焚烧不但污染空气、浪费能源、影响飞机升降与公路交通，而且会损失大量有机质和氮素，保留在灰烬中的磷、钾也易流失，因此这是一种不可取的方法。

## 三、过腹还田

过腹还田是一种效益很高的秸秆利用方式，在我国有悠久历史。秸秆经青贮、氨化、微贮处理，饲喂畜禽，通过发展畜牧提质增收，同时达到秸秆过腹还田。实践证明，充分利用秸秆养畜、过腹还田、实行农牧结合，形成节粮型牧业结构，是一条符合我国国情的畜牧业发展道路。每头牛育肥需要秸秆 1t，可生产粪肥约 10t，牛粪肥田，形成完整的秸秆利用良性循环系统，同

时增加农民收入。秸秆氨化养羊，蔬菜、藤蔓类秸秆直接喂猪，猪粪经过发酵后喂鱼或直接还田。

### 四、菇渣还田

利用作物秸秆培育食用菌，然后再经菇渣还田，经济效益、社会效益、生态效益三者兼得。在蘑菇栽培中，以 $111m^2$ 计算，培养料需要优质麦草 900kg、优质稻草 900kg；菇棚盖草又需 600kg，育菇结束后，约产生菇渣 1.66t。据测定，菇渣有机质含量达到 11.09%。每公顷施用 $30m^3$ 菇渣，与施用等量的化肥相比，一般可使稻麦增产 10.2%～12.5%，皮棉增产 10%～20%，不仅节省成本，同时对减少化肥污染、保护农田生态环境亦有重要意义。

### 五、沼渣还田

秸秆发酵后产生的沼渣、沼液是优质的有机肥料，其养分丰富，腐殖酸含量高，肥效缓速兼备，是生产无公害农产品、有机食品的良好选择。一口 $8～10m^3$ 的沼气池可年产沼肥 $20m^3$，连年沼渣还田的实验表明：土壤容重下降，孔隙度增加，土壤的理化性状得到改善，保水保肥能力增强；同时，土壤中有机质含量提高 0.2%，全氮提高 0.02%，全磷提高 0.03%，平均提高产量

10%~12.8%。

## 第四节　秸秆饲料化利用技术

### 一、秸秆青贮技术

生物处理的实质主要是借助微生物（以乳酸菌为主）的作用，在厌氧状态下发酵，此过程既可以抑制或杀死各种微生物，又可以降解可溶性碳水化合物而产生醇香味，提高饲料的适口性。目前，主要有青贮和微贮两种方法。

青贮是一个复杂的微生物群落动态演变的生化过程，其实质就是在厌氧条件下，利用秸秆本身所含有的乳酸菌等有益菌将饲料中的糖类物质分解产生乳酸，当酸度达到一定程度（pH 值为 3.8~4.2）后，抑制或杀死其他各种有害微生物，如腐败菌、霉菌等，从而达到长期保存饲料的目的。青贮可分为普通常规青贮和半干青贮。半干青贮的特点是干物质含量比一般青贮饲料多，且发酵过程中微生物活动较弱，原料营养损失少，因此，半干青贮的质量比一般青贮要好。

青贮适用于有一定含糖量的秸秆，如玉米秸秆、高粱秸秆等。

1. 青贮设施的准备

青贮设施有青贮池、青贮塔、青贮袋等，以青贮池最为常用。青贮池有圆形、长方形、地上、地下、半地下等多种形式。长方形青贮池的四角必须做成圆弧形，便于青贮料下沉，排出残留气体。地下、半地下式青贮池内壁要有一定斜度，口大底小。以防止池壁倒塌，地下水位埋深较小的地方，青贮池底壁夹层要使用塑料薄膜，以防水、防渗。

青贮饲料前，对现有青贮设施要做好检修、清理和加固工作。新建青贮池应建在地势高、干燥、土质坚硬、地下水位低、靠近畜舍、远离水源和粪坑的地方，要坚固牢实、不透气、不漏水。内部要光滑平坦，上宽下窄，底部必须高出地下水位500cm以上，以防地下水渗入。青贮池的容积以家畜饲养规模来确定，每立方米能青贮玉米秸秆550~600kg，一般每头牛一年需青贮饲料6~10t。

2. 制作优质玉米青贮饲料的条件

收割期的选择：玉米全株（带穗）青贮营养价值最高，应在玉米生长至乳熟期和蜡熟期收贮（即在玉米收割前15~20d）；玉米秸秆青贮要在玉米成熟后，立刻收割秸秆，以保证有较多的绿叶。收割时间过晚，露天堆放将造成含糖量下降、水分损失、秸秆腐烂，最终造成青贮料质量和青贮成功率下降。

3. 玉米青贮饲料制作要点

在青贮过程中，要连续进行，一次完成。青贮设备最好在当天装满后再封严，中间不能停顿，以避免青贮原料营养损失或腐败，导致青贮失败。概括起来就是要做到“六快”，即快割、快运、快切、快装、快压、快封。

4. 青贮饲料的饲喂

青贮饲料经过45d左右的发酵，即可开窖饲喂。取用时，应从上到下或从一头开始。每次取量，应以当天喂完为宜。取料后，必须用塑料薄膜将窖口封严，以免透气而引起变质。饲喂时，应先喂干草料．再喂青贮料。青贮玉米有机酸含量较大，有轻泻作用，母畜怀孕后不宜多喂，以防造成流产，产前15d停止。牲畜改换饲喂青贮饲料时应由少到多逐渐增加，停喂青贮饲料时应由多到少，使牲畜逐渐适应。

## 二、微贮技术

饲料微生物处理又叫微贮，是近年来推广的一种秸秆处理方法。微贮与青贮的原理非常相似，只是在发酵前通过添加一定量的微生物添加剂如秸秆发酵活干菌、白腐真菌、酵母菌等，然后利用这些微生物对秸秆进行分解利用，使秸秆软化，将其中的纤维素、半纤维素以及木质素等有机碳水化合物转化为糖类，最后

发酵成为乳酸和其他一些挥发性脂肪酸。从而提高瘤胃微生物对秸秆的利用。

在处理前先将菌种倒入水中，充分溶解，也可在水中先加糖，溶解后，再加入活干菌，以提高复活率。然后在常温下放置1~2h，使菌种复活（配制好的菌剂要当天用完）。将复活好的菌剂倒入充分溶解的1%食盐水中搅匀，食盐水及菌液量根据秸秆的种类而定。1t青玉米秸秆、玉米秸秆、稻或麦秸加一定量的活干菌、食盐、水，不同的菌剂有不同的加料要求。

秸秆切短同常规青贮。将切短的秸秆铺在窖底，厚20~25cm，均匀喷洒菌液，压实后，再铺20~25cm秸秆，再喷洒菌液、压实，直到高于窖口40cm，在最上面一层均匀撒上食盐粉，再压实后盖上塑料薄膜封口。食盐的用量为250g/m$^2$，其目的是确保微贮饲料上部不发生霉坏变质。盖上塑料薄膜后，在上面撒20~30cm厚的秸秆，覆土15~20cm，密封。秸秆微贮后，窖池内贮料会慢慢下沉，应及时加盖使之高出地面，并在周围挖好排水沟，以防雨水渗入。开窖同常规青贮。

在微贮麦秸和稻秸时应加5%的玉米粉、麸皮或大麦粉，以提高微贮料的质量。加大麦粉或玉米粉、麸皮时，铺一层秸秆撒一层粉，再喷洒一次菌液。在喷洒和压实过程中，要随时检查秸秆的含水率是否合适、均匀。特别要注意层与层之间水分的衔接，不要出现夹干层。

含水率的检查方法：抓取秸秆试样，用双手扭拧，若有水往下滴，其含水率为80%以上；若无水滴、松开后看到手上水分很明显，约为60%。微贮饲料含水率为60%~65%最为理想。喷洒设备宜简便实用，小型水泵、背负式喷雾器均可。

**三、秸秆碱化处理技术**

碱化处理技术就是在一定浓度的碱液（通常占秸秆干物质的3%~5%）的作用下，打破粗纤维中纤维素、半纤维素、木质素之间的醚键或酯键，并溶去大部分木质素和硅酸盐，从而提高秸秆饲料的营养价值。

**四、秸秆氨化技术**

氨化处理技术，就是在密闭条件下，在秸秆中加入一定比例的氨水、无水氨、尿素等，破坏木质素与纤维素之间的联系，促使木质素与纤维素、半纤维素分离，使纤维素及半纤维素部分分解、细胞膨胀、结构疏松，从而提高秸秆的消化率、营养价值和适口性。氨化技术适用于干秸秆。用液氨处理秸秆时，秸秆含水率以30%为宜。

氨化处理秸秆饲料的氨源有很多，各种氨源的用量和处理方

法也不相同，其处理结果因秸秆种类而异。经氨化处理后，秸秆的粗蛋白含量可从3%～4%提高到8%，家畜的采食量可提高20%～40%。

常用的处理方法有堆垛法、池氨化法、塑料袋氨化法和炉氨化法等，它们共同的技术要点如下：将秸秆饲料切成2～3cm长的小段（堆垛法除外），以密闭的塑料薄膜或氨化窖等为容器，以液氨、氨水、尿素、碳酸氢铵中的任何一种氮化合物为氮源，使用占风干秸秆饲料重2%～3%的氨，使秸秆的含水率达到20%～30%，在外界温度为20～30℃的条件下处理7～14d，外界温度为0～10℃时处理28～56d，外界温度为10～20℃时处理14～28d，30℃以上时处理1～5d，使秸秆饲料变软变香。

### 五、秸秆揉搓加工技术

与传统的秸秆青贮技术不同，秸秆揉搓加工技术是将收获成熟玉米果穗后的玉米秸秆，用挤丝揉搓机械将硬质秸秆纵向铡切破皮、破节、揉搓拉丝后，加入专用的微生物制剂或尿素、食盐等多种营养调制剂，经密封发酵后形成质地柔软、适口性好、营养丰富的优质饲草的技术。可用打捆机压缩打捆后装入黑色塑料袋内贮存。经过加工的饲草含有丰富的维生素、蛋白质、脂肪、纤维素，气味酸甜芳香，适口性好，消化率高，可供四季饲喂，可保存1~3年，同时由于采用小包装，避免了取饲损失，便于贮藏和运输及商品化。

秸秆揉搓加工能够极大地改善和提高玉米秸秆的利用价值、饲喂质量，降低了饲养成本，显著提高了畜牧业的经济效益，有力地推动和促进畜牧业向规模化、集约化和商品化方向发展。此外，秸秆揉搓加工能够改善养殖基地和小区饲草料的储存环境，可有效地提高农村养殖基地的环境水平。

据测算，玉米种植农户仅卖秸秆每亩可增收50元左右。加工1t成品饲草的成本为100~130元，以当前乳业公司青贮窖玉米饲料销售价240元/t计算，可获利110元/t以上，经济效益十分显著。需要注意的是，秸秆揉搓加工技术适用于秸秆产量大、可为外地提供大量备用秸秆原料的地区。

## 六、热喷和膨化处理技术

热喷处理工艺流程为原料预处理→中压蒸煮→高压喷放→烘干粉碎。其主要作用原理是通过热力效应和机械效应的双重作用，首先在170℃以上的高温蒸汽（0.8MPa）作用下，破坏秸秆细胞壁内的木质素与纤维素和半纤维素之间的酯键，部分氢键断裂而吸水，使木质素、纤维素、半纤维素等大分子物质发生水解反应成为小分子物质或可利用残基。然后在高压喷放时，经内

摩擦作用，再加上蒸汽突然膨大及高温蒸汽的张力作用，使茎秆撕碎，细胞游离，细胞壁疏松，细胞间木质素分布状态改变，表面积增加，从而有利于体内消化酶的接触。

膨化处理与热喷不同的是最后有一个降压过程。其原理如同爆米花——在密闭的膨化设备中经一定时间的高温（200℃左右）、高压（1.5MPa以上）水蒸气处理后突然降压迅速排出，以破坏纤维结构，使木质素降解，结构性碳水化合物分解，从而增加可溶性成分。这两种方法都可以提高秸秆消化率，但是由于设备一次性投资高，加上设备安全性差，限制了其在生产实践中的推广应用。

## 七、秸秆压块饲料技术

秸秆压块饲料技术是指将各种农作物秸秆经机械铡切或搓揉粉碎，混配以必要的营养物质，经过高温高压轧制而成的高密度块状饲料。被人们称为牛羊的“压缩饼干”或“方便面”。秸秆压块后体积大大缩小，搬运方便，饲喂时更为方便省力，只要将秸秆压块饲料按1∶（1~2）的比例加水，使之膨胀松散即可饲喂，劳动强度低，工作效率高。

秸秆压块饲料技术的操作要点如下。

1. 秸秆收集与处理

秸秆收集后要进行如下处理。一是晾晒。适宜压块加工的秸秆含水率应在20%以内，最佳为16%~18%。二是切碎或搓揉粉碎。在切碎或搓揉粉碎前一定要去除秸秆中的金属物、石块等杂物。切碎长度应控制在30~50cm。秸秆切碎后将其堆放12~24h，使切碎的秸秆原料各部分湿度均匀。含水率低时，应适当喷洒一些水，保持在16%~18%。

2. 添加营养物质

为了使压块饲料在加水松解后能够直接饲喂，可在压块前添加足够的营养物质，使其成为全价营养饲料。精饲料、微量元素等营养物质要根据牲畜需要和用户需求按比例添加，并混合均匀。

3. 轧块机压块

将物料推进模块槽中，产生高压和高温使物料熟化，经模口强行挤出，生成秸秆压块饲料。从轧块机模口挤出的秸秆饲料块温度高、湿度大，可用冷风机将其迅速降温，这样可有效地减少压块饲料中的水分。为了保证成品质量，必须将降温后的压块饲料摊放在硬化场上晾晒，继续降低其水分含量，以便于长期保存。

4. 秸秆压块存贮

将成品压块饲料按照要求进行包装，储存在通风干燥的仓库内，并定期翻垛检查有无温度升高现象，以防霉变。

## 第五节　秸秆能源化技术

秸秆能源化利用主要包括秸秆沼气、纤维乙醇及木质素残渣配套发展、固体成型燃料、秸秆气化、秸秆快速热解和秸秆干馏炭化等方式。秸秆能源化利用的主要任务是积极利用秸秆生物气化（沼气）、热解气化、固化成型及炭化等发展生物质能，逐步改善农村能源结构；在秸秆资源丰富地区开展纤维乙醇产业化示范，逐步实现产业化。在适宜地区优先开展纤维乙醇多联产生物质发电项目。

### 一、秸秆固体成型燃料技术

秸秆固体成型燃料是指在一定温度和压力作用下，利用农作物玉米秆、麦草、稻草、花生壳、玉米芯、棉花秆、大豆秸、杂草、树枝、树叶、锯末、树皮等固体废弃物，经过粉碎、加压、增密、成型。成为棒状、块状或颗粒状等成型燃料，从而提高运输和贮存能力，改善秸秆燃烧性能，提高利用效率，扩大应用范围。秸秆固化成型后，体积缩小、密度增大，能源密度相当于中质烟煤，使用时火力持久，炉膛温度高，燃烧特性明显得到改善，可以代替木材、煤炭为农村居民提供炊事或取暖用能，也可以在城市作为锅炉燃料，替代天然气、燃油。

国内有关专家通过对秸秆压块成型的主要技术、工艺设备、经济效益和社会效益的分析，确定了秸秆压块成型燃料在我国进行产业化生产是可行的。秸秆压块成型燃料生产具有显著的经济效益，不仅能节约大量的化石能源，又为2t以下的燃煤锅炉提供了燃料，有广阔的应用前景。秸秆燃料块燃烧后烟气中CO、$CO_2$、$SO_2$、$NO_2$等成分的排放均低于目前燃煤锅炉规定的排放标准，达到了国家的环保要求，生态环保效益明显。因此秸秆固体成型燃料生产在国内广大农村、城镇实行产业化，具有良好的发展前景。

### 二、秸秆沼气技术

秸秆沼气（生物气化）是指以秸秆为主要原料，经微生物发酵作用生产沼气和有机肥料的技术。该技术充分利用水稻、小麦、玉米等秸秆原料，通过沼气厌氧发酵，解决沼气推广过程中原料不足的问题，使不从事养殖业的农户也能使用清洁能源。秸

秆沼气技术分为户用秸秆沼气和大中型集中供气秸秆沼气两种形式。秸秆入池产气后产生的沼渣是很好的肥料，可作为有机肥料还田（即过池还田），提高秸秆资源的利用效率。经研究表明，每千克秸秆干物质可产生沼气 0.35$m^3$。因此，秸秆沼气化是开发生物能源，解决能源危机的重要途径。今后要加强农作物秸秆沼气关键技术的开发、引进与应用，探索不同原料、不同地区、不同工艺技术的适宜型秸秆沼气工程，提高秸秆在沼气原料中的比重。要将秸秆沼气与新农村、“美丽乡村”建设和循环农业、生态农业发展相结合，稳步发展秸秆户用沼气，加快发展秸秆大中型沼气工程。

利用稻草、麦秸等秸秆为主要原料生产沼气，发酵装置和建池要求与以粪便为原料沼气完全相同。主要工艺流程：稻草或麦秸等→粉碎→水浸泡→堆沤（稻草或麦秸等加入速腐剂及部分人、畜粪便）→进池发酵→产气使用。

## 三、秸秆直接燃烧发电技术

秸秆发电就是以农作物秸秆为主要燃料的一种发电方式，又分为秸秆气化发电和秸秆燃烧发电。秸秆气化发电是将秸秆在缺氧状态下燃烧，发生化学反应，生成高品位、易输送、利用效率高的气体，利用这些产生的气体再进行发电。但秸秆气化发电工艺过程复杂，难以适应大规模应用，主要用于较小规模的发电项目。秸秆直接燃烧发电技术是指秸秆在锅炉中直接燃烧，释放出来的热量通常用来产生高压蒸汽，蒸汽在汽轮机中膨胀做功，转化为机械能驱动发电机发电。

秸秆发电是秸秆优化利用的主要形式之一。随着《可再生能源法》和《可再生能源发电价格和费用分摊管理试行办法》等的出台，秸秆发电备受关注，目前秸秆发电呈快速增长趋势。秸秆是一种很好的清洁可再生能源，2t 秸秆的热值就相当于 1t 标准煤。在生物质的再生利用过程中，对缓解和最终解决温室效应问题将具有重要贡献。秸秆现已被认为是新能源中最具开发利用规模的一种绿色可再生能源，推广秸秆发电，将具有重要意义。

## 四、秸秆炭化技术

秸秆的炭化技术是指利用秸秆为原料生产木炭的技术。农作物的秸秆可经粉碎后在高压条件下制成棒状固体物，然后经干燥、干馏、冷却、炭化等工序做成易燃、燃烧时间长、热值高的秸秆木炭。秸秆木炭还可经活性炭制造工艺制成活性炭，产生更高的经济效益。

## 五、秸秆气化技术

秸秆气化的技术原理是利用生物质通过密闭缺氧，采用干馏热解法及热化学氧化法后产生的一种可燃气体，这种气体是一种混合燃气，含有一氧化碳、氢气、甲烷等，亦称生物质气。根据北京市燃气及燃气用具产品质量监督检验站秸秆燃气检验报告得知：可燃气体中含氢 15.27%、氧 3.12%、氮 56.22%、甲烷 1.57%、一氧化碳 9.76%、二氧化碳 13.75%、乙烯 0.10%、乙烷 0.13%、丙烷 0.03%、丙烯 0.05%，合计 100%。

农民使用秸秆燃气可以从以下两个方面获得。第一，靠秸秆气化工程集中供气获得；第二，可以利用生物质自己生产。秸秆气化工程一般为国家、集体、个人三方投资共建，一个村（指农户居住集中的村）的气化工程需投资 50 万~80 万元。农民自产自用的秸秆燃气，主要靠家用制气炉进行生物质转化，投资不大，一般在 300~700 元。

## 六、秸秆降解制取乙醇技术

依托秸秆纤维乙醇产业化技术优势，强调秸秆资源的综合利用和阶梯利用方式，可采取“醇—气—电—肥”模式建设纤维乙醇工厂，实现木质纤维素分类利用，纤维素生产乙醇，半纤维素生产沼气联产，木质素残渣发电供热，沼渣、沼液制有机肥；可结合现有秸秆电厂，采取“醇—电”联产模式，首先利用秸秆中的纤维素生产乙醇，剩余木质素废渣作为电厂燃料和半纤维素等产生的沼气联产发电；可与现有糠醛木糖厂相结合，纤维素生产乙醇，半纤维素生产糠醛或木糖，木质素残渣发电，重点解决醇、气、电一体化技术和装备系统集成。

# 第四章　保护性耕作杂草控制技术

## 第一节　田间杂草化学防除

不同的除草剂作用原理不一，对杂草和农作物的选择性有较大差别。实践证明，只有掌握除草剂对植物的作用原理，以及对农作物和杂草的选择性，才能安全使用化学除草剂，提高效果，收到良好的效益。

### 一、除草剂的杀草机理

除草剂的作用机理，大致可分为以下几个方面。

（一）阻碍杂草的光合作用

光合作用是高等绿色植物取得能量和制造养料的重要过程，是植物生命存在的基础。光合作用受到干扰或破坏，植物将发生不正常的死亡。光合作用是叶绿素吸收光能，把二氧化碳和水转化为碳水化合物的过程，同时也是放出氧气的复杂过程。

（二）破坏杂草的呼吸作用和能量代谢

植物生长发育所需要的能量，是通过呼吸作用取得的。光合作用是一个贮能过程，呼吸作用是一个放能过程。植物在呼吸过程中，形成高能键碳水化合物，为生长发育提供所需要的能量。当植物呼吸作用的某些重要环节受到破坏，就会影响整个植株的生存，并导致死亡。例如，茅草枯被吸收进入杂草体内后，取代呼吸过程中起重要作用的丙酮酸的部位，破坏植物的呼吸作用，抑制酸和酶的合成，脂肪、糖的代谢受到抑制，导致杂草的死亡。有的除草剂是通过破坏能量代谢，导致杂草死亡。例如，五氯酚钠、二硝基酚和砷酸盐等进入杂草体内，很快被氧化成砷酸，当与磷酸共存时，能代替磷酸起作用，在氧化磷酸过程中成为不稳定的中间产物，并随即水解游离出砷，破坏了 ATP 的形成，使杂草死亡。

（三）抑制杂草的蛋白质、核酸等物质合成

有许多除草剂进入杂草体内后，破坏了正常生理功能，抑制了蛋白质和核酸的合成。例如，野麦畏、毒草胺等除草剂进入杂草体内后，抑制蛋白质、淀粉酶、核酸的合成，影响了正常的生理活动。敌稗被杂草吸收后，直接抑制核糖核酸与蛋白质的合成；氟乐灵则干扰激素和脂肪的合成；禾草丹、甲草胺、西玛津

等除草剂被杂草吸收后，都间接或直接抑制和干扰其蛋白质、核酸的合成，从而造成杂草死亡。

（四）干扰植物激素

植物体内含有多种激素，对协调植物生长发育具有重要意义，是调节植物生长、发育、开花、结实不可少的物质。2,4-滴、麦草畏等激素型除草剂进入杂草体内，破坏了原有的天然激素平衡，使植物出现畸形发育，细胞分裂、伸长和分化不规律，产生生理紊乱，最终死亡。

（五）阻碍营养物质的输送

单子叶和双子叶植物的形成层构造不同，有些除草剂进入杂草体内通过韧皮部的筛管传导，可使形成层的细胞分裂，过度伸长、畸形和坏死，韧皮部组织遭到堵塞或破坏，阻碍了营养物质的输送，从而使杂草得不到养分、水分而死亡。

## 二、除草剂的分类

除草剂的分类方式，常见的有 4 种。一是按作用特点分类；二是按除草剂的使用方法和使用时期分类；三是按除草剂的加工剂型分类；四是按除草剂的化学结构分类。

（一）按作用特点分类

根据除草剂对杂草的作用方式和能否进入杂草体内分为以下

4 种类型。

1. 选择性除草剂

这类除草剂在一定的使用剂量范围内，对一定类型或种属的植物有毒杀作用，而对其他类型或种属的植物无毒或毒性很小。即除草剂对不同植物有选择作用，能选择杀死杀伤某些植物，而对另一些植物无害。如在麦田、玉米田常用二甲四氯、2,4-滴丁酯等，选择防除双子叶杂草；在豆田用吡氟氯禾灵、喹禾灵等，选择防除禾本科杂草。

2. 灭生性除草剂（非选择性除草剂）

这类除草剂对所有的杂草都有毒杀作用，大部分是人工合成的。它可被杂草的根、茎、叶或芽鞘等部位吸收，并通过输导组织将药剂运送到杂草的作用部位，破坏内部结构和生理平衡，抑制杂草生长，直到死亡。如常用的草甘膦等，防除田边、公路边、水渠旁、休闲地的杂草。

3. 内吸性除草剂

这类除草剂，可通过杂草的根、茎、叶或芽鞘等部位器官吸收，并通过杂草内的输导组织而传导到作用部位，破坏杂草内部结构和生理平衡，使其正常的功能受破坏，最后导致死亡。如二甲四氯、莠去津、禾草丹等苯氧羧酸类除草剂，多数属于这类除草剂。

4. 触杀性除草剂

这类除草剂，主要是在药剂与杂草接触的部位起作用，不能被杂草吸收，不能传导，不能移动，只杀死触药部分的组织。即便某些触杀型除草剂进入植物体内，但输导是很有限的。这类除草剂主要用于防治一年生较幼小的杂草，施药时要喷洒均匀，使所有的杂草均匀触药，才能收到较好的防除效果。

(二) 按使用方法和使用时期分类

1. 茎叶处理剂

在杂草出苗后的时期，通过茎叶喷雾处理，均匀喷在杂草体上的除草剂，叫茎叶处理剂，亦称苗（期）后处理剂。这类除草剂一般选择性强，但也有广谱性除草的。如吡氟氯禾灵、喹禾灵等，可防除阔叶农作物田的单子叶杂草；二甲四氯、2,4-滴等，可防除禾本科农作物田的双子叶杂草；氟磺胺草醚等可防除豆田里的多种杂草等。还有的是灭生性广谱除草剂，如草甘膦等。上述品种都是根据农作物田的杂草及生长发育时期，选用的茎叶处理剂。

2. 土壤处理剂

用土壤处理法防除杂草的除草剂，称为土壤处理剂。土壤处理剂，又可分为播前土壤处理和播后土壤处理，混土处理和不混土处理。这类除草剂，可通过杂草的根、芽鞘或胚轴等部位吸收进入杂草体内，在生长点和其他功能组织起作用而杀死杂草。莠去津、氟乐灵、乙草胺等品种，都是土壤处理剂。播前土壤处理剂，有氟乐灵、野麦畏等，播后苗前土壤处理剂，有莠去津、绿麦隆等。

还有的除草剂，既可作茎叶处理剂，又可作土壤处理剂，两种功能均有。例如，在防除玉米田杂草中使用莠去津等，在二叶期使用，既可杀死已出土的杂草，又可杀死未出土的杂草。又如二甲四氯，既可作茎叶处理剂使用，又能作为土壤处理剂使用。

（三）按加工剂型分类

除草剂的剂型，是根据它在农业生产中的使用方法和除草剂本身不同的理化性质，由工厂合成或加工成不同的使用剂型。除草剂的不同剂型，有利于在生产中应用，用少量的除草剂均匀分散到大面积的田间，充分发挥最佳效果。农民可根据自己不同的需要选用不同除草剂的剂型。

1. 水溶剂

直接溶于水的除草剂，叫水溶剂。水溶剂可直接溶于水中，便于使用其防治田间杂草。如 2,4-滴钠盐、五氯酚钠、野燕枯、二甲四氯钠盐等。

2. 粉剂

由除草剂原药和陶土、滑石粉、干瓷土或其他惰性粉。用科学的方法按标准加工而成的粉状混合物制剂，叫作粉剂。

3. 可湿性粉剂

由除草剂原药与惰性粉、湿润剂按一定比例混合而成的粉剂，叫作可湿性粉剂。常用的湿润剂有皂角粉、亚硫酸纸浆废液、拉开粉等。

4. 颗粒剂

由除草剂原药和固体载体按比例配合制成颗粒，叫作颗粒剂。

5. 乳油

由原药（一般不溶于水）、有机溶剂（苯、二甲苯、樟脑油等）和乳化剂配合成的同状均匀液体，叫作乳油。

(四) 按化学结构分类

根据其化学结构，可将除草剂划分为不同的类型。它们的理化特性、作用机制、吸收与传导、代谢与分解、杀草范围和使用方法等方面，具有近似特性。

1. 酚类除草剂

酚类除草剂都是触杀型除草剂，其选择性较差，对农作物与杂草基本上不具有选择性，在生产上应用是利用位差与时差选择。酚类除草剂能被杂草体迅速吸收，破坏共质体和非共质体传导的器官，并破坏与其接触的细胞膜，对杂草的呼吸作用产生显著影响，干扰杂草体正常的氧化磷酸化或光合磷酸化作用，由于能量代谢发生障碍使杂草死亡。酚类除草剂在动物体内的代谢降解较慢，且能长期存于体内，故对动物毒性较大。如二硝酚、五氯酚钠等。

2. 苯氧羧酸类除草剂

苯氧羧酸类除草剂为激素型除草剂，低浓度时促进生长，高浓度时抑制生长。并且，通过改变维生素及辅酶的含量，改变酶促反应的条件，以及形成各种代谢中间产物，来影响一系列酶的活性，对杂草体内的几乎所有生理生化功能都有影响。苯氧羧酸类除草剂为内吸传导型除草剂，既可通过茎叶，也可通过根系被杂草吸收。茎叶吸收的药剂沿韧皮部筛管在杂草体内运输，根系吸收的药剂随蒸腾流向上传导到杂草的各部位。温度、湿度、光照、土壤状况以及杂草的生育阶段、生长状态，对苯氧羧酸类除草剂的吸收传导影响很大。做茎叶处理时，药剂能否顺利通过叶片上的蜡质层和角质层进入杂草体内，决定于叶片吸收药剂的速度，因而常用各种表面活性剂来提高药剂在叶片上的展着性和渗透力，促进叶片对药剂的吸收。如二甲四氯、2,4-滴等。

3. 苯甲酸类除草剂

苯甲酸类除草剂，具有显著的植物生长调节剂的特性，是内吸传导性除草剂，能迅速被杂草的根、茎、叶吸收，运转并积累于杂草的高代谢活性部位，干扰内源生长素的平衡，在形态上严重抑制杂草的顶端生长和叶片形成，造成生长畸形。其杀草机理，与苯氧羧酸类除草剂近似。

苯甲酸类除草剂的内吸性强，既能进行茎叶喷雾，也可进行土壤处理，对大多数阔叶杂草有很好的防治效果。如麦草畏、敌草索等。

4. 二苯醚类除草剂

二苯醚类除草剂多用于土壤处理，水溶度低，能被土壤胶体强烈吸附，淋溶性小，故通常施于土表，不拌土。除草活性有光活化性，即在光的照射下才能活化起除草作用，故此类除草剂宜在傍晚施用，使其在夜间为杂草充分吸收，然后第二天被光激活，起到更好的除草作用。

二苯醚类除草剂的杀草机理，在于破坏细胞的透性，促进乙烯的释放，从而使细胞的生理功能紊乱，加速衰老，使叶片发黄萎蔫最终脱落。其选择性主要在于不同植物对药剂的吸收传导、代谢降解及轭合解毒的速度及程度上的差异。

二苯醚类除草剂在杂草体内的传导性很差，主要起触杀作用，因而主要用于防除一年生杂草或由种子繁殖的多年生杂草幼芽，对已长成的植株或无性繁殖的多年生杂草防治效果差乃至无效。如甲酯除草醚、三氟羧草醚等。

5. 酰胺类除草剂

酰胺类除草剂的作用机理，主要是抑制杂草的呼吸作用。作为电子传递链的抑制剂、解偶联剂，抑制杂草的光合作用，干扰杂草蛋白质的生物合成，影响生物膜的生物合成及完整性。如乙草胺、异丙甲草胺、丁草胺等。

6. 氨基甲酸酯与硫代氨基甲酸酯类除草剂

该类除草剂中，土壤处理的品种主要通过杂草的幼根和幼芽吸收，茎叶处理的品种通过茎叶吸收。不论通过何种部位吸收，在杂草体内药剂通常向分生组织传导，大部分品种主要抑制细胞分裂，其次是抑制氧化磷酸化作用、DNA 合成、蛋白质合成以及光合作用中的希尔反应。通过对 mRNA 合成的影响而抑制蛋白质的合成，是它们的主要杀草机理。如野麦畏、禾草丹等。

7. 三氮苯类除草剂

三氮苯类除草剂的所有品种都是土壤处理剂，主要由杂草根系吸收，沿木质部随蒸腾流向上传导，对杂草体内的多种生理、生化功能产生影响，如干扰光合作用、蒸腾作用、呼吸作用及氮代谢和核酸代谢等，并可在杂草体内起到生长调节剂的作用。就

其影响的程度而言，对光合作用的抑制是关键。因此杂草的典型受害症状是失绿，先自叶片尖端开始发黄，继而扩展至整个叶片，最后全株干枯死亡。

三氮苯类除草剂是土壤处理剂，土壤的理化特性对除草效果影响很大。其中最主要的是土壤有机质含量及土壤颗粒对除草剂的吸附影响，吸附作用的强弱因土壤的酸碱度而异。此外，土壤的湿度、温度及溶液组分，也对除草剂在土壤中的吸附及生物活性产生影响。如赛克嗪、环嗪酮等。

8. 磺酰脲类除草剂

杂草的根茎叶都能吸收磺酰脲类除草剂，并在体内迅速传导。磺酰脲类除草剂主要是通过抑制乙酰乳酸合成酶的活性，阻断杂草体内支链氨基酸的生物合成，从而干扰杂草细胞的正常周期，使细胞的分化停滞，起到抑制杂草生长的目的。杂草受药后很快停止生长，不再对农作物构成为害，但全株枯萎到死亡则需一段时间。

磺酰脲类除草剂的选择性，主要在于药剂在不同植物体内的代谢速度不同，在抗性植物体内，磺酰脲类化合物能迅速与葡萄糖形成苷轭合物，从而起到解毒的作用。如苯磺隆、亚磺隆、吡嘧磺隆等。

9. 联吡啶类除草剂

联吡啶类除草剂是水溶性、盐类、广谱灭生性、触杀型除草剂，用于茎叶处理，发挥作用很快。因这类除草剂在杂草体内传导性较差，只能使着药部位枯死，不能损坏植物根部和土壤内潜藏的种子，因此施药后杂草有再生现象。这类除草剂是典型的光合系统抑制剂，需要光照来激活其杀草作用，如果过早地激活其活性，会影响药剂向全株的传导。因而在处理前后保持一段黑暗时期，可提高药剂对杂草的防治效果。如敌草快等。

10. 取代脲类除草剂

多数品种的水溶度较低，在土壤中不易移动，上下移动幅度一般不超过1cm。主要被杂草根系吸收，经木质部导管随蒸腾流向上运输，积累于叶片，抑制光合作用，并产生药害，因此除草效果与土壤含水率密切相关。在干旱和土壤有机质含量较高时，药效不易发挥。不需拌土，喷雾或撒于土表即可。

一般多在农作物播种后、杂草萌芽前进行土壤处理。选择性机理以生理生化选择为主，抗性植物通过氯化作用和脱甲基反应(如绿麦隆在小麦体内的降解）使其降解，而敏感植物降解速度很慢。另外，不同植物吸收传导有差异，抗性植物不易传导，敏感植物易传导。如利谷隆大豆吸收后积累在根部，不向上传导，阻止了与叶绿素的结合，表现出高度的选择性。由于取代脲类除

草剂的水溶度较低，作为播后苗前土壤处理剂，位差选择也很重要。如灭草隆、绿麦隆、利谷隆等。

11. 环状亚胺类除草剂

这类除草剂被杂草幼芽吸收后，在体内进行非共质体传导，在光照条件下通过抑制叶绿素的生物合成，造成光合色素减少和已形成的杂草色素的光氧化破坏，最终使杂草产生白化现象而死亡。如丙炔氟草胺等。

12. 咪唑啉酮类除草剂

咪唑啉酮类除草剂是典型的杂草生长抑制剂，主要抑制杂草体内乙酰乳酸合成酶活性，抑制支链氨基酸缬氨酸、异亮氨酸和亮氨酸合成。药剂经杂草根与茎叶吸收，经木质部与韧皮部传导，积累于分生组织。茎叶喷雾后，敏感杂草迅速停止生长，经2~4周全株死亡；土壤处理后，根吸收向上传导，杂草顶端分生组织坏死，生长停止。一些杂草吸收药剂后，虽能发芽和出苗，但植株达3~5cm时生长停滞，而后死亡。低剂量时杂草虽能生长，但表现矮化，幼龄叶片产生透明或黄色条纹，叶片严重畸形和扭曲，叶片与叶鞘边缘呈锯齿状。

咪唑啉酮类除草剂在土壤中吸附作用小，不易水解，持效期可达3个月至2年。如普杀特、灭草烟、咪唑喹啉酸等。

13. 环己烯酮类除草剂

这类除草剂均为选择性内吸传导型除草剂，可严重抑制禾本科植物的乙酰辅酶A羧化酶的活性、导致脂肪酸生物合成停止，而对双子叶植物体内此种酶的活性及脂肪酸生物合成无任何影响，因此是防治禾本科杂草的特效除草剂，对双子叶植物高度安全；使用时期幅度宽，从杂草出苗至分蘖期施药均有效；在土壤中分解快，无残留毒害，对后茬农作物也很安全。如烯草酮、烯禾酮、三甲苯草酮等。

14. 有机磷类除草剂

由于化学结构不同，各品种除草剂在杀草谱及作用方式方面有较大差异。如硫代磷酸酯类的地散磷有高度选择性，为禾本科内属间选择性除草剂，而磷酸酯类的草甘膦却以杀草谱广而著名；地散磷和哌草磷等在植物体内传导性差，而草甘膦则能在植物体内迅速向分生组织传导。

15. 芳氧苯氧丙酸类除草剂

此类除草剂主要破坏细胞的膜结构和抑制分生组织的细胞分裂，而禾草灵还可作为植物激素的拮抗剂，对植物体内多种生理生化过程产生影响。这类除草剂不仅在阔叶和禾本科植物间有很好的选择性，在禾本科植物内的属间也有优异的选择性。这种选择性机理，在于抗性与敏感植物体内的水解及降解速度有显著差

异。这类除草剂适用农作物及杀草谱差异不大，几乎对所有的阔叶农作物都很安全。如吡氟禾草灵、喹禾灵、禾草灵等。

16. 二硝基苯胺类除草剂

二硝基苯胺类除草剂都是土壤处理剂，主要作用方式为抑制幼芽次生根的生长，对幼芽也有明显的抑制作用，而对成株期杂草的防效很差。这类除草剂的杀草谱较广，对一年生禾本科杂草有极好防效，并可杀死由种子繁殖的多年生禾本科杂草和一部分阔叶杂草，但对阔叶杂草的防效远比对禾本科杂草差得多。由于这类除草剂主要是消灭杂草幼芽，因而多在农作物播种前或播种后发芽前做土壤处理；凡具有生理及生化抗性的农作物，既可在播种前做土壤处理，也可在播后苗前使用。而抗性小或不具抗性的农作物，则只能利用位差选择使用，因此使用技术要求较严格。如氟乐灵、除草通、地乐胺等。

17. 吡啶类除草剂

吡啶类除草剂的多数品种选择性差，在光下比较稳定，不易挥发，在土壤中易于移动，并通过降水向土壤下层淋溶，在土壤中的持效期很长。药剂被杂草叶片和根吸收后在体内传导，具有激素活性，对杂草的毒害症状包括偏上性生长，木质部导管堵塞并变棕色、枯萎、坏死，最终死亡。如氯氟吡氧乙酸、三氯吡氧乙酸等。

18. 其他杂环类除草剂

在除草剂的众多类型品种中，除了前述的各种结构类型外，还有其他一些有机杂环类，如嘧啶类、磺酰胺类、哒嗪酮类、腈类、脂肪族类及其他杂环类，主要品种有苯达松、二氯喹啉酸、稗草稀等。

19. 混合制剂除草剂

由于不同类型的除草剂单剂品种的杀草谱、选择性、对农作物的安全性和田间持效期等各不相同，若根据某种或某一类农作物的防治需要，将两种或三种不同类型的、优点与缺点互补的除草剂品种混配使用，则可明显扩大杀草谱，提高对农作物的安全性，降低残留毒性，调节田间持效期，延长施药适期，而且还有增效作用。如40%乙·莠水悬浮乳剂等。

20. 无机除草剂

这类除草剂与杂草接触并被吸收后，使杂草失水，叶绿素减少，正常的生活能力失调，功能不正常，最后导致死亡。如氯酸钠、石灰氮、硫酸铜等。

21. 微生物除草剂

微生物除草剂，是利用孢子落在杂草的植株上，在适宜条件下产生芽管，钻进杂草体内吸收营养物质，进行大量繁殖，同时分泌毒素，破坏杂草的机体，并使其死亡。如盘长孢菌等。

## 三、除草剂的使用技术

为了达到安全高效除草的目的，必须采取恰当准确的施药方法，把除草剂投放到靶标的适当部位或适宜的范围内，以利于杂草充分吸收而杀死杂草，同时保护农作物不受损害。

常用的施药方法，主要有播种前及播种后的土壤处理和生长期的茎叶处理。除草剂有单用，又有混用，如果使用不当，不仅达不到理想的除草效果，浪费药剂，而且还会对当季或后茬农作物造成严重药害。

### (一) 除草剂的使用方法

除草剂的使用方法有两种，即茎叶处理和土壤处理。土壤处理又可分为播前土壤处理和播后土壤处理。

#### 1. 茎叶处理

将除草剂直接喷洒在杂草茎叶上的方法，叫茎叶处理。这种方法，一般在杂草出苗后进行。使用除草剂做茎叶处理，药液喷在杂草茎叶上，应该保证农作物绝对安全。

#### 2. 土壤处理

就是将除草剂用喷雾、喷洒、泼浇、喷粉或毒土等方法，施到土壤表层或土壤中，形成一定厚度的药土层，接触杂草种子、幼芽、幼苗及其他部分（如芽鞘）而被吸收，从而杀死杂草。

一般多用常规喷雾处理土壤，播种前施药称作播前土壤处理，播后苗前施药称作播后苗前土壤处理。

（二）除草剂的使用时间

除草剂的使用时间分 3 个时期：一是播前没有农作物生长，用除草剂对杂草进行茎叶处理或土壤处理，消灭杂草，称作播前土壤处理；二是农作物播种后，用除草剂封闭土壤，称作播后苗前土壤处理；三是在农作物生长期，一般用选择性强的除草剂进行茎叶喷雾，杀死杂草，称作茎叶处理。

（三）施用除草剂的技术要求

使用除草剂的目的是消灭田间杂草，保证农作物安全生长，并且不能产生药害。因此，应根据杂草、农药、工具、环境条件，选用不同的施药方法，掌握安全、高效使用除草剂的技术要点。使用化学除草剂的技术要点是“一平、二匀、三准、四看、五不”。

1. 一平

施药的田块要精细耕作，保证地面平整，无大土块，没有坑坑洼洼。如果地不平，浇水和降雨很容易使田块高处的药剂向低洼处移动，以致在地面高的地方药少造成草荒，在地面低洼之处药量增多农作物受药害。因此，精细平整土地，可提高播种质量，减少药害，保证全苗，达到前期用药杀草，后期以农作物的

高密度控草。

2. 二匀

药在载体上要混均匀（药水、药土、药肥），喷雾或撒毒土要均匀。二匀的目的是均匀用药，以保证除草效果，减少药害。

3. 三准

施药时间要准，施药量要准，施药地块面积要准。如施药时间、面积、用药量不准，就收不到应有的除草效果，而且还会使农作物受药害。

4. 四看

看苗情、看草情、看天气、看土质，灵活掌握施药期、施药量和施药方法。看苗情，即根据苗情决定用药不用药，如对未扎根的稻苗不宜施药，瘦弱苗不宜施药，否则将产生药害。看草情，即对杂草调查清楚，看主要是禾本科杂草还是阔叶杂草，这些杂草是长在阔叶农作物或是禾本科农作物田块里，根据这些情况，选准除草剂品种，对症下药，达到除草效果，并对农作物无药害。看天气，即看温度对除草剂的活性和对农作物吸收药剂能力的影响。在天气不好、气温较低时，施药量在用药量的上限；天气好、温度较高时，施药量在用药量的下限。看土质，即土质不同用药量有差异。在黏重土壤用药量多些，沙质土壤用药量少些。土壤干燥不宜用药，待雨后或人工补墒后再用药。

5. 五不

苗弱苗倒不施药；水田水不足 3cm 深或水深淹住心叶不施药；毒土太干或田土太干不施药；叶上有露水、雨水时不施某些除草剂；漏水田不施药。如在上述 5 种情况下施药，易发生药害，药效不佳。

## 四、保护性耕作的化学除草技术

### （一）春小麦田杂草控制技术

针对小麦苗期田间单一禾本科杂草群落，可选用 36%禾草灵乳油，每亩用量 130~170mL，兑水 30~40kg，于杂草 2~4 叶期茎叶喷雾防除；或用 25%绿麦隆可湿性粉剂每亩 300~350g，兑水 30~40kg，再加液量 0.25%的尿素为增效剂，充分混均匀，于杂草 2~3 叶期喷雾防除。

针对小麦田间单一阔叶类杂草群落，可选用 72% 2,4-滴丁酯乳油，每亩用量 50~65mL，兑水 30~40kg，再加液量 0.1%的害立平（增效剂），充分混均匀，于杂草 2~4 叶、小麦 3~5 叶期喷雾防除；或用 72% 2,4-滴丁酯乳油 30mL 加溴苯腈 22.5%乳油，每亩用量 60mL（或加氯氟吡氧乙酸 20%乳油，每亩用量 25~35mL），先各兑水 15~20kg 混匀，然后混配在一起，于杂草

2~4 叶期，茎叶喷雾防除。

针对苗期田间禾本科与阔叶类杂草的混生群落，可选用 22.5%溴苯腈乳油 100mL 加 36%禾草灵乳油，每亩用量 130mL，先各兑水 15~20kg，充分混匀后混配在一起搅均匀，于小麦 3~5 叶期、杂草 2~4 叶期，茎叶喷雾防除。13%二甲四氯钠水剂，每亩用量 60mL 与 25%绿麦隆可湿性粉剂 150~170kg，先各兑水 15~20kg，充分混匀后混合在一起搅匀，再加液量 0.25%的尿素为增效剂溶化混匀，于小麦 3~4 叶期、杂草 2~4 叶期茎叶喷雾防除。

针对前茬作物田间野燕麦遗留多的地块，在春小麦播前 7~8d 选用 40%野麦畏乳油，每亩用量 175~200mL，兑水 25~30kg，地表均匀喷雾，随后用耙交叉耙两次，使药液充分混入表土层 4~5cm 深。小麦播深 6cm。

针对田间越年生与多年生杂草的发生地块，在前茬作物秋收后休闲期选用 10%草甘膦水剂，每亩用量 120~200mL，兑清水 30~40kg，再加液量 0.1%的效力增充分混均匀；或 30%飞达可溶性粉剂 400~600g，兑清水 30~40kg，充分溶化，选无风的晴天杂草茎叶喷雾防除。

也可选用配伍组合：10%草甘膦水剂纯量每亩 120~200mL+20%氯氟吡氧乙酸乳油每亩 60~100mL，兑清水 30~40kg，再加液量0.1%的效力增（农药高渗增效剂）充分混均匀，杂草茎叶喷雾，可增加防除双子叶杂草的效果。

上述选用除草剂田间潮湿时用低量，干旱或草龄偏大时适当增加用药量与兑水量。

(二) 玉米田杂草控制技术

阔叶杂草（藜、田旋花、蓼等）发生时，可选用72%2,4-滴丁酯乳油每亩40~60mL或22.5%溴苯腈乳油每亩80~130mL或20%二甲四氯水剂每亩200~300mL，茎叶喷雾防除（玉米3~6叶期），亩用水量30~40kg。

禾本科杂草（稗草、狗尾草等）和少量阔叶草发生时可选用4%烟嘧磺隆悬乳剂于玉米3~6叶期，杂草2~4叶期用烟嘧磺隆每亩85~120mL，茎叶喷雾防除，用水量30~40kg/亩。

禾本科杂草与阔叶杂草混合发生时，在玉米3~5叶期用4%烟嘧磺隆每亩100mL加72% 2,4-滴丁酯每亩20~30mL，或4%烟嘧磺隆每亩100mL加22.5%溴苯腈乳油每亩50mL，或4%烟嘧磺隆每亩100mL加38%莠去津每亩130mL茎叶喷雾防除，亩用水量30~40kg，或41%草甘膦每亩100~200mL，兑水20~30kg，安装喷雾防护罩在玉米行间定向喷雾防除。

针对田间越年生与多年生杂草的发生地块，在前茬作物秋收后休闲期选用10%草甘膦水剂每亩纯量120~200mL兑清水30~

40kg，再加液量0.1%的效力增（农药高渗增效剂）充分混均匀，选无风的晴天，杂草茎叶喷雾防除。

也可选用配伍组合：10%草甘膦水剂每亩纯量120~200mL+20%氯氟吡氧乙酸乳油每亩60~100mL，兑清水30~40kg，再加液量0.1%的效力增（农药高渗增效剂），充分混均匀，杂草茎叶喷雾，可增加防除双子叶杂草的效果。

上述选用除草剂田间潮湿时用低量，干旱或草龄偏大时适当增加用药量与兑水量。

（三）油菜（甘蓝型）田杂草控制技术

针对禾本科杂草发生较多地块，在油菜苗期，杂草2~5叶期，5%精禾草克乳油每亩50~60mL或10.8%高效吡氟氯禾灵乳油每亩30~40mL，兑水12~15kg，茎叶喷雾。

针对阔叶杂草发生较多地块，目前应用较多的是草除灵、二氯吡啶酸。一般每亩用50%草除灵悬浮剂30~35mL，兑水30~45kg喷雾，对牛繁缕、繁缕、雀舌草等有特效。草除灵只能在甘蓝型油菜（杂交甘蓝型油菜）大壮苗（6叶以上）田使用，并应严格控制剂量，否则极易造成药害。防除稻槎菜、苣荬菜等，每亩选用75%二氯吡啶酸可溶粒剂9~12g，兑水30kg喷雾。下茬种植阔叶作物慎用二氯吡啶酸。

针对禾本科杂草与阔叶杂草混合发生较多地块，于油菜5~6

叶期，每亩选用17.5%草除·精喹乳油100mL，兑水30~45kg喷雾。由于各厂家的精喹禾灵与草除灵复配剂配方不同，所以单位面积的用量差异较大，使用时应以标签说明为准。

针对田间越年生与多年生杂草的发生较多地块，在前茬作物秋收后休闲期选用10%草甘膦水剂每亩纯量120~200mL兑清水30~40kg，再加液量0.1%的效力增充分混均匀，选无风的晴天，杂草茎叶喷雾防除。

也可选用配伍组合：10%草甘膦水剂每亩纯量120~200mL+20%氯氟吡氧乙酸乳油每亩60~100mL，兑清水30~40kg，再加液量0.1%的效力增，充分混均匀，杂草茎叶喷雾，可增加防除双子叶杂草的效果。

上述选用除草剂田间潮湿时用低量，干旱或草龄偏大时适当增加用药量与兑水量。

## 第二节　田间杂草机械防除

### 一、机械防除原理

机械除草，利用各种形式的除草机械和表土作业机械切断草根，干扰和抑制杂草生长，达到控制和清除杂草的目的。

## 二、机械除草方法及除草机具选择

### （一）除草机具选择

玉米田机械除草可选用耘锄、1GQN-200S 旋耕机、SGTNB-18024/8A8 旋播机、2BG-6D 型中耕机、1SZF-3 型深松中耕机、1SND-140 型悬挂深松机，主机选用铁牛-654 拖拉机、KM304 拖拉机。

小麦田机械除草可选用弹性翼铲式 IQG-120 型全方位浅松机、IS-5 型全方位浅松机，3CCS-3.1 型少耕除草机、20024/8A8 型旋播机、3ZF-1.2 型多功能除草机。

油菜（甘蓝型）田机械除草选用了苏式全方位浅松机，3CCS-3.1 型少耕除草机、ZBMG 型油菜免耕播种机、3ZF-1.2 型多功能中耕除草机、油菜拔除机，主机选用 JDT-654 拖拉机、20 马力小型拖拉机。

### （二）机械除草方法

1. 浅松灭草

在播种前用浅松机进行了机械浅松除草，松土深度 5~6cm。通过浅松，一年生的杂草 70%左右被除死，剩下一些难除的杂草，苗期人工除草即可。

2. 旋耕或旋播灭草

在播种前用旋耕机进行浅旋灭草或播种时用旋耕播种机旋播灭草。旋耕或旋播的深度一般在6~8cm。旋耕或旋播后，75%杂草都被旋死，剩下在苗期长出来的大草，人工除草即可。

3. 中耕灭草

在苗期用中耕除草机或用中耕施肥除草机进行中耕除草，对于浅根性作物（油菜、小麦）中耕除草深度为3~4cm，对于深根性作物（玉米）中耕除草深度为5~10cm。苗间除草95%以上，剩下苗带里的杂草人工除草即可。

4. 深松除草

深松除草主要针对深根性行距比较宽的作物（玉米）用深松机进行深松除草。深松除草深度一般在25~30cm。苗间除草95%以上，剩下苗带里的杂草人工除草即可。

## 三、机械除草技术

### （一）机械作业条件

农田地表有残茬覆盖，一般麦类作物留茬高15~20cm，玉米留茬高20~30cm，杂粮留茬高10cm左右。

浅松除草时，0~5cm耕层中的壤土土壤容重小于1.2g/cm$^3$，黏土土壤容重小于1.4g/cm$^3$。

浅松、浅旋除草时，0~10cm 耕层中的土壤含水率必须大于10%。

浅松除草的适宜期在播前进行，最好与播种连续作业，严防松后跑墒。

浅旋除草的适宜期在播前进行，应结合播种，先旋后播同时进行。

机械中耕除草的适宜期，苗期田间主要杂草第一次出苗高峰期过后，作物幼苗不易被土埋时，晴天及早进行。需要进行第二次机械中耕除草的应在条播作物封垄前进行完。

深松除草的适宜期选择在秋季。

合理密植疏播，小麦、油菜种植行距 30cm，并设固定作业道，以便机械作业，玉米种植行距 50~60cm。

（二）机械作业技术要求

浅松、浅旋除草深度应为 5~6cm，地要平整，不拖堆，不出沟，同一地块的高度差不超过 3~4cm。

小麦、油菜机械中耕除草，松土深度 3~4cm，要求拉通靠到，伤苗率小于1%。

玉米机械中耕除草，采用 1SZF-3 型深松中耕除草机小芯铧，松深 5~10cm，培土除草。除草保持在两行苗中间，偏离中心不大于 3cm。不铲苗、压苗、伤苗。

玉米中耕除草，玉米长到10~15cm，选用耘锄除草；玉米长到20~30cm时，选用深松中耕机（用小芯铧）除草；玉米长到50~60cm时，选用深松中耕机（用大芯铧）除草培土。

机械深松除草，深松间隔麦类40cm，玉米60cm（对茬），深度25~30cm。深松后地表平坦、松碎，不得有重松或漏松，无隔墙或隔墙小于5cm。

（三）机械作业注意事项

保护性耕作地块必须平整，否则用免耕播种机播种容易出现缺苗断垄（苗不全）现象。

保护性耕作种植行必须直，否则用中耕除草机、中耕施肥机、中耕施肥培土机除草容易铲苗。

保护性耕作农田地表秸秆覆盖必须均匀，否则会出现秸秆阻塞免耕播种机，使播种不均匀，出现缺苗断垄（苗不全）现象。

未提升机具前不得转弯和倒退。

机具作业中或运转状态下，严禁在悬挂架和机具上坐人。

旋耕或旋播作业时每工作一段时间，应检查刀片是否松动、变形，紧固件有无松动。机具运转时，不得进行维修。

机械中耕除草作业要随时注意中耕铲是否松动、移位、变形，发现问题及时停车解决。

深松作业时，若发现机车负荷突然增大，应立即停车，查明

原因，及时排除故障。

运输时必须将机具升至运输状态。

## 第三节 田间杂草其他防除方法

### 一、农业措施

农业防除杂草措施，主要有轮作倒茬、精选良种、高密度栽培、迟播诱发、管理水源等。

1. 轮作倒茬

在不同农作物、不同耕作制度和栽培条件下，杂草的种群变化和发生数量有所不同。因此，轮作倒茬是防除农田杂草的一项有效措施，主要作用是改变杂草的生态环境，创造不利于某些杂草的生长条件，从而消灭和限制农田杂草。通过科学的轮作倒茬，可使原来生长良好的优势杂草种群处于不利的环境条件下而减少或灭绝。

2. 精选良种

精选良种，是提高播种质量，增产增收的一项重要措施，也是减少杂草传播及为害农作物的一项重要措施。

3. 高密度栽培

在防除农田杂草的措施中，常利用农作物高度和密度的荫蔽作用，控制和消灭杂草，即达到“以苗欺草”“以高控草”“以密灭草”的效果。

4. 迟播诱发

迟播诱发，是利用农作物的生物学特性和杂草的生长特点，有组织有计划地推迟农作物的播种期，使杂草提前出土，防除杂草后再进行播种的方法。利用这种方法，可直观地防除针对性杂草，收到良好的除草效果。防除野燕麦，推迟播种时间，诱发野燕麦大量出土，然后用拖拉机带动圆盘耙或钉齿耙浅耕浅耙除草，当年防除效果达85%左右，连续4年采用这一方法。野燕麦基本绝迹。

5. 管理水源

水是植物生命的基础，管好水是消灭杂草的一项技术措施。稗草、泽泻、慈姑等种子小而轻，并带有油质，容易漂浮在水面顺水漂流传播蔓延。有的群众在田间拔草，将杂草抛在渠道里或渠边，草籽落入渠中，一旦放水灌溉，大量草籽将流入田间而造成为害。因此，利用和管好水源，可消灭多种杂草，防止杂草传播蔓延。

6. 加强与杂草竞争性强的新品种的研究

作物品种间对杂草的抑制能力和耐受杂草为害的能力存在差异，加大与杂草竞争性强的作物品种的研究，选育出适合保护性耕作条件下与杂草竞争性强的农作物新品种。利用作物本身的竞争能力防除杂草是最经济、最环保的除草措施。

7. 加强抗除草剂转基因品种的引进和研究

在世界上，转基因作物当前发展得最快的是抗除草剂转基因作物，主要应用在玉米、大豆等作物上，大大提高了农田杂草防除效果。

8. 病、虫、草害综合控制

因为病、虫、草害三者是相互联系、相互影响的，不解决病虫害问题，作物受害，生长不良，也给杂草丛生提供了很好的生存条件。

## 二、植物检疫措施

植物检疫是用规章制度防止检疫性杂草传播蔓延的有效方法。检疫性杂草对农作物为害极大，可造成农作物生长发育不良，降低农作物的产量和品质，甚至造成绝收，并留下严重后患。如毒麦是检疫性杂草，人畜误食后会造成中毒，甚至有生命危险。

## 三、生物除草措施

利用生物技术防除农田杂草，是一项除草的好办法。生物防除杂草，主要包括利用真菌、细菌、病毒、昆虫、动物、线虫除草，以及以草克草和利用异株作用除草等方法。

## 四、电流防除法

植物对电流的敏感程度取决于植物所含纤维和木质素的多少，高压电流能极大地损伤杂草。而对农作物则无害。经试验，一种可安装在农业机械上的电流除草设备，可实现大面积的高压电流除草。据在棉田和甜菜田中的试验，97%~99%的杂草均可被除掉。

## 五、光化学除草法

利用光化除草剂，该剂遇到阳光能自动产生化学反应，从而高效率地把杂草杀死，但不损害小麦、玉米等农作物。

其他如微波辐射、激光、噪声、开发杂草种子发芽促进剂及不孕剂等，现均处于研究阶段。利用生物工程技术，选育抗除草剂的作物新品种也在试验，现尚不能付诸实践中应用。但可预计，农田杂草的防治技术将不断补充与更加完善。

# 第五章　保护性耕作病虫害防控技术

## 第一节　农田病虫害防治和基本技术

### 一、病虫害综合防治概述

#### （一）病虫害综合防治的概念

农作物有害生物包括病原微生物、害虫、杂草、害鼠等，是农田生态系统的组成部分，其为害规律随着农业条件的变化而不断发生变化。因此，防治农业有害生物的策略、途径和方法也应结合农业科学技术的进步和社会生产力的发展进行改进和提高。有害生物的综合防治就是在这种情况下，通过实践、认识、再实践、再认识的过程，逐步发展形成和补充完善的。综合防治是对有害生物进行科学管理的体系，完全符合农业可持续发展的目标。

病虫害综合防治是从农业生产的全局和农业生态系统的整体出发，以获取高产优质的农产品和相对合理的经济、社会、生态效益为目标，根据病虫与作物、耕作制度、有益生物和环境等各种因素之间的辩证关系，因地制宜、合理应用各种防治措施，使之扬长避短，相辅相成，合理发挥自然及人为因素对有害生物的控制作用，把有害生物的种群数量与为害控制在一定水平，并使任何单项措施带来的副作用降低到可以容许的限度。根据病虫害综合防治的概念，具体地讲综合防治应当遵循以下的原则。

第一，综合防治应从农业生产的全局和农业生态系统的总体观点出发，以预防为主，创造不利于病虫发生为害，有利于农作物生长发育和有益微生物生存繁殖的条件，在全面贯彻“预防为主，综合防治”的基础上，采用防治措施要考虑病虫与各方面的相互关系。既要注意当前的实际防治效果，也要考虑今后的各种影响。

第二，综合防治是建立在各单项防治措施的基础上，但是不是各种防治措施的相加、越多越好，而要因时、因地、因病虫制宜，协调运用必要的防治手段，以达到最好的防治效果。农业措施、抗病品种有许多优点，应充分发挥其作用；生物防治和化学防治都是病虫害防治的重要手段，它们之间的矛盾可以通过合理使用化学农药等措施来解决。

第三，综合防治要考虑经济、安全、有效。防治病虫害的目的是农业生产的高产稳产，要注意节约劳动力，降低成本、增产增收。同时也要注意保障食品安全，减少和避免环境污染和其他有害副作用。

第四，综合防治强调以经济阈值为依据，综合运用必要的防治措施，不仅仅是防治手段的多样化。把病虫草种群控制在不造成经济损失的水平之下，不强调彻底消灭。防治技术上主张以农业防治和生物防治为主，以化学防治为辅。

（二）保护性耕作条件下病虫害综合防治

综合防治是农作物病虫害防治的基本策略，无论是传统耕作制度下，还是保护性耕作制度下，防治有害生物的策略、方法和措施都是相同的。保护性耕作是一项新的耕作体系，其每个技术措施都会对病虫害的发生为害产生不同的作用。综合防治的目的、方法与保护性耕作发展的目标相同，具体到防治技术选择、完善应当与保护性耕作相结合，做到相辅相成。

保护性耕作条件下开展综合防治，不仅仅限于病虫害防治技术综合应用，还要强调与保护性耕作技术特点的结合。秸秆处理技术、免耕播种方式与农业措施、化学防治和生物防治技术的综合利用，最大限度地减少单项措施造成的副作用。秸秆处理方法应考虑尽量减少害虫传播和病原微生物积累，免耕播种方法尽量考虑防治地下害虫和土传病害的防治。

保护性耕作条件下防治病虫草害主要依靠化学防治，但是从农业生态系统中有害生物的特点和生产实际需要的角度来分析，必须充分发挥农业防治、生物防治的作用，因地、因时、因病虫制宜，建立符合增加高产优质农产品和减少环境污染的综合防治技术。

保护性耕作的实施是通过农业机械化实现的，机械化为保护性耕作提供综合利用各项技术的平台。因此，农机与农艺技术结合能够有效地预防和减轻病虫草害。免耕播种、深松、秸秆覆盖和作物栽培管理等各项技术措施都会影响农田生态环境以及病虫草害的发生，通过间作、混作、套作，增加覆盖度和覆盖时间，抗病（虫）品种合理布局、不同作物的轮作以及肥水管理，可以较好预防和控制病虫害，减少农药的使用。

保护性耕作农田病虫草害种类繁多，防治方法和适用药剂不同，单一使用机械施药剂不可能同时防治多种病虫草害，必然造成施药量增多和人工成本增加。因此，应充分发挥农业防治、生物防治的作用，实现多种措施综合防治才能减少化学农药的使用，持续控制病虫草害，实现保护性耕作节本增效和保护环境的目标。

随着生物技术的发展，许多新型生物农药、转基因抗病

（虫）作物品种已经实现了产业化，部分生物农药完全可以替代化学农药，结合新的抗病（虫）品种的种植以及其他防治措施的应用，病虫草害的防治已经逐渐摆脱了对化学农药的依赖。病虫草害防治技术的发展已经为实现保护性耕作条件下病虫草害综合防治奠定基础。

## 二、病虫害综合防治方法

开展保护性耕作的病虫害综合防治，首先要深入总结近年来我国各地保护性耕作的实施经验，在此基础上通过必要的试验研究，组建适合我国国情的综合防治体系。

### （一）掌握农作物生长发育和病虫害的生物学特征

了解保护性耕作条件病虫害发生规律，深入调查农作物生长发育和病虫害的生物学特征及其种群数量变化与各种环境因素的关系，掌握其发生发展的动态规律，是明确主治兼治对象，设计预测预报方法，进行动态监测，探索防治途径，确定防治对策，进而组建综合防治体系，选择优化防治对策的重要科学依据和理论基础。众所周知，影响农作物生长发育和病虫害发生和危害的生态因子很多，比如农业的、生物的、气候的、土壤的等，保护性耕作实施中秸秆处理方式、施肥种类、水肥管理等都严重影响病虫害的发生规律，弄清其中的主导因素及其作用，便可根据这种关系和规律，有计划地调控或协调应用有关措施，做到长期控制某些病虫害的为害。例如，利用大量秸秆覆盖地表，一方面可以减少土壤水分蒸发，减少风蚀和水蚀，增加土壤有机质，促进农作物生长；另一方面，侵染作物残体和在作物残体生存的病原菌可以作物秸秆作为生存场所度过腐生阶段，成为下茬作物的侵染源而加重病害。在传统耕作体系中，这些作物残体被埋在土壤下面，微生物迅速降解作物残体，同时以作物残体为生存场所的微生物也随着死亡，而把作物残体留在农田表面延缓了作物残体降解，增加病原菌生存和侵染的时间。研究以秸秆为生存场所进行侵染的病原菌种类、生存条件及其发生发展过程，找到影响其生存的主要因素，据此便可以制定防治策略和有效防治方法。保护性耕作在我国进行大面积推广应用的时间相对较短，应当结合相应实践经验，加强保护性耕作条件下病虫害发生规律的研究，弄清病虫害在新耕作条件下发生为害的特点，为制定综合防治策略提供科学依据。

（二）提高监测预测技术

预测预报是根据病虫生物学特征与发生为害规律，应用生态学、生理学、分类学、气象学、生物统计学等有关学科的原理和方法，对病虫害的发生发展与为害趋势，提前做出估计并加以报道，作为病虫害防治决策的科学依据。病虫害的预测预报是综合

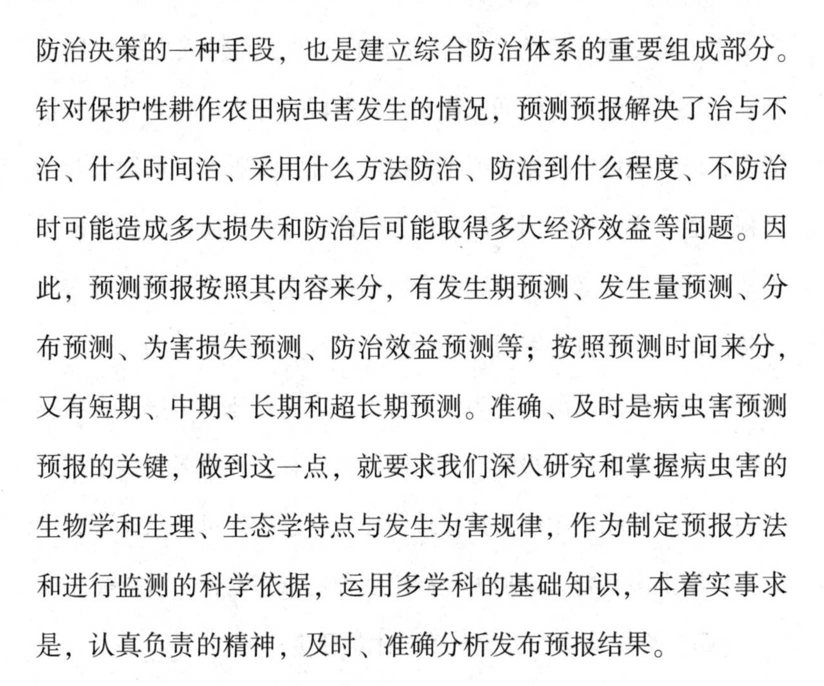

防治决策的一种手段，也是建立综合防治体系的重要组成部分。针对保护性耕作农田病虫害发生的情况，预测预报解决了治与不治、什么时间治、采用什么方法防治、防治到什么程度、不防治时可能造成多大损失和防治后可能取得多大经济效益等问题。因此，预测预报按照其内容来分，有发生期预测、发生量预测、分布预测、为害损失预测、防治效益预测等；按照预测时间来分，又有短期、中期、长期和超长期预测。准确、及时是病虫害预测预报的关键，做到这一点，就要求我们深入研究和掌握病虫害的生物学和生理、生态学特点与发生为害规律，作为制定预报方法和进行监测的科学依据，运用多学科的基础知识，本着实事求是，认真负责的精神，及时、准确分析发布预报结果。

### （三）制定科学的防治指标

病虫害综合防治强调对病虫害的防治目标不是“消灭”，而是将其种群数量与所造成的损失，控制在经济允许的水平。因此，需要通过研究病虫害为害损失，计算经济阈值，制定科学的防治指标作为指标管理的依据，也可以作为经济效益评估、损失预测和选择最优化防治决策的根据。所谓经济阈值是指如果病虫害种群密度超过某一水平，其为害造成的经济损失将高于防治费用，进行病虫害防治投入的成本将能够通过获得的经济效益而获得补偿。确定经济阈值需要通过细致试验和综合分析评估。

由于病虫害为害农作物所造成的产量、质量损失受作物品种、栽培条件、受害时间、作物发育阶段与受害后作物自我补偿能力，以及地域、气候等因子所影响，而病虫害的种群数量与为害程度也为许多生态因子所制约，因此病虫害的防治指标，应当因地制宜地通过必要研究和综合评估来确定。不分条件地强求统一防治指标，不符合客观事物的规律，也是没有必要的。但是在客观条件允许的情况下，为便于管理，也应当适当考虑。在实际生产中，病虫害种类很多，往往同一时期有 3 种或多种病虫害发生为害，因此除单项防治指标外，还应在条件许可的条件下，研究多种病虫害复合为害损失，制定多种病虫害复合防治指标。

（四）重视病虫害关键防治技术的研究

防治农作物病虫害的方法有农业防治、化学防治、生物防治、物理防治以及其他的防治方法。保护性耕作农田防治病虫害，同样应当从农业生产的全局和农业生态系统的全局出发，因时、因地、因病虫害种类制宜，协调应用各种防治方法，才能比较经济、安全地长期控制其为害。

保护性耕作制度下选择病虫害防治技术要求符合“安全、有效、经济、简易”，也只有符合这个要求才能为农民接受和较快的大面积推广。“安全”指的是对人畜和包括害虫天敌在内的有益生物及其生活环境不造成损害和污染，尽可能地利用农业措施

和生物防治技术防治病虫害，科学合理地利用化学农药，充分发挥农机的作用。“有效”是指能够大量消灭害虫和减少病原菌密度，起到保护农作物不受或少受侵害的作用。“经济”是一个相对指标，为了提高生产效益，要求选择少花钱，多生产的措施，尽量降低消耗性的生产投资。比如用秸秆覆盖防草替代除草剂，用轮作替代杀虫剂和杀菌剂等。“简易”是相对烦琐而言，只有因地制宜和简便易行，才能够为农民接受。

针对病虫害的防治目标，要把保护性耕作的耕作、秸秆处理、栽培等环节与病虫害防治技术结合起来，综合考虑，不能只求一个而不考虑其他，但具体到某一项措施，也不能同时并重地要求面面俱到，应当因地制宜有所侧重。安全是前提，有效是关键，经济和简易是在生产实践中平衡各种因素基础上通过改进而达到的目标。

防治病虫害技术协调和综合的原则，强调充分发挥农业生态系统中自然控制因素的作用，技术上以农业防治为主，同时充分利用化学防治和生物防治的优点，加强与农机的协调。因此，保护性耕作制度下的病虫害综合防治，应加强农机与农艺技术协调，综合利用农业防治、化学防治、生物防治和物理防治技术。根据“安全、有效、经济、简易”的要求，病虫害综合防治的技术组合首先要考虑的原则是：农机与农艺结合，包括农机与栽培制度、水肥管理、病虫害防治技术之间协调，不同防治技术之间如化学防治与生物防治、农业防治等的相互协调，减少不同技术间的矛盾；力求病虫草害兼治，技术组合简单，简化措施；发挥各种防治措施之间的相辅相成的作用。

1. 化学防治

应用化学农药防治病虫害就是化学防治，是综合防治的关键技术之一，也是保护性耕作防治病虫害的主要技术。化学防治具有奏效快速稳定的优点，能够在很短的时间内把大面积严重发生的病虫害有效控制住。同时化学农药的品种、剂型、作用机制、施用技术与药械的多样性，防治对象的广谱性（种类很多）是其他防治措施无法比拟的。但是化学防治也存在许多缺点，如残毒、抗性、污染环境、杀伤有益生物、影响人类健康等，尤其是在缺乏科学指导下的滥用化学农药，带来的副作用更为严重。病虫害综合防治中提高化学防治效果，应注意使用选择性农药和根据病虫害及其天敌种群数量、作物生长发育情况、气象因素等确定防治的有利时机，选择适合的施药机具与方法，掌握合理的农药用量等。

在保护性耕作条件下，根据不同病虫害发生规律，筛选最佳药剂、确定使用时机和高效使用方法是非常重要的。尽量筛选和使用对叶部病害和土传病害有兼治作用的杀菌剂，是防治秸秆传

播病原菌引起的病害的有效方法。种子处理是常用的防治方法，其好处在于用药位点明确、用药量少、农产品中农药残留少。随着内吸性种子处理农药的开发和研究，一些通过叶部施药的杀菌剂不能防治的土传病害，也可以通过使用种子处理药剂进行防治。由于新的杀菌剂、杀虫剂正在不断被开发出来，种子处理将成为保护性耕作农田防治土传病害、地下害虫的重要方法。

2. 生物防治

生物防治是利用某些生物，包括害虫天敌或生物农药，控制病虫草害的方法，其优点是有利于维持农业生态系统平衡，减少或替代化学农药，保护环境和食品安全。生物防治内容丰富，包括以虫治虫、以菌治虫治病、蜘蛛治虫、益鸟益兽治虫、以虫治草、以菌治菌等多种方法。归结起来，目前常用的方法包括以下几种。一是利用微生物防治虫害、病害和杂草。利用昆虫病原微生物如昆虫病原细菌如苏云金芽孢杆菌、昆虫病毒、昆虫病原真菌如白僵菌和绿僵菌等，可以有效地防治害虫。二是利用天敌昆虫治虫。三是利用微生物代谢产物防治病虫草害。利用微生物及其代谢产物如放线菌产生的抗生素（井冈霉素、阿维菌素）等可以防治水稻纹枯病及多种农业害虫。

在保护性耕作中，利用拮抗微生物处理种子能达到保护农作物的作用。对于秸秆残茬传播的病原菌，常用的方法是用拮抗微生物处理秸秆残茬，取代或抑制处于腐生阶段的病原微生物的活动，达到防治病害的效果。生物防治是病虫害综合防治关键技术的重要组成部分，具有很大潜力和发展前景，生物防治与化学防治不应当彼此排斥，而应当紧密结合、相互协调，在综合防治中发挥其综合作用和整体效应。

3. 农业防治

农田是病虫害生长发育和繁殖的生态环境。土壤、作物以及各项农业技术操作和其他环境因子，都与各种病虫害存在密切关系，对其种群数量变动、发生规律与为害起着错综复杂的作用。实际上，这些因素与作物、病虫害都是农田生态系统的组成部分，各以一定的地位发挥其特有功能。农业防治就是根据病虫的生理、生态特征及其发生为害与农业因素的关系，在保证增产增收的基础上，结合各项农业措施的改进与提高和对农业生态系统的调控，从而达到控制病虫害的效果。但是农田病虫害种类繁多，其生物、生理学特征各异，对农田生态条件的要求各不相同。因此，有些农业措施及其对农业生态系统所引起的变化，对一些病虫害的发生为害具有明显的抑制作用，对另外一些病虫害又可能有助长和促进作用。正是基于这个原因，在应用农业技术防治中，应当强调从农业生态系统的整体性、动态性和有关因素的相互关系为依据，权衡利弊，灵活应用。

在掌握作物、环境和病虫害相互关系的基础上，利用农业生产过程中耕作、栽培和田间管理措施，创造不利于病虫害发生，有利于农作物生长的环境条件，达到防治病虫害效果。耕作制度和栽培措施对病虫草害的防治效果是间接和预防性的，但是大面积应用后对防治病虫害具有持久的作用，同时也最易于与保护性耕作技术相结合。充分发挥耕作、栽培、水肥管理的综合防治效果，也符合“预防为主，综合防治”的植保方针。

许多栽培措施直接影响秸秆传播的土传病害的发生和为害。保护性耕作麦田，秋季晚播能够最大限度减少小麦根在冷凉土壤中生长的时间，减少小麦根部病原菌的侵染位点从而减轻病害；采用双行播种替代平均行距播种，由于在双行之间留有较大行宽，表土易于干燥，可以减轻根腐病的发生率。另外，通过施用氨态氮可以提高土壤和根表的酸性环境，抑制喜酸性环境的小麦全蚀病菌，减轻小麦全蚀病的为害。

开展轮作在保护性耕作农田对防治病虫草害均有较好的效果，而且易于实施。例如，在一年一茬地区，通过小麦与高粱轮作，使小麦栽培有一年的间隔可以有效防治褐斑病，而且也能完全控制小麦全蚀病。轮作过程中由于没有敏感作物，轮作就起到利用土壤本身微生物削弱和杀死以秸秆为生的病原菌的作用。

合理使用抗病（虫）品种是防治病虫害经济有效的方法，

把抗病（虫）品种利用与轮作结合，对于保护性耕作农田的病害防治是非常有效的方法。

种子处理是防治病虫害的重要方法，同时这种方法也易于实施、便于与机械化免耕播种相结合。比如病、虫籽粒的汰除、风选、水选等；温汤或药剂浸种、制造种衣以及药剂拌种等方法，能够达到防治病虫害的作用。利用三唑酮拌种可以有效防治白粉病、锈病；利用农药拌种能防治地下害虫，还能有效防治麦蚜、黄矮病、麦蜘蛛等病虫；两种混合拌种，可以兼治多种病虫害。种子处理是保护性耕作农田防治苗期病虫害最方便、可行的方法。

## 第二节　农田病虫害发生概况和防治现状

### 一、保护性耕作农田草害发生的概况

麦田杂草的种类、分布及为害程度与环境条件、耕作制度等关系密切。与传统耕作相比，保护性耕作实行免耕、少耕和秸秆留茬或覆盖地表，在一定程度上是有利于杂草发生和为害，秸秆或残茬留田有利杂草种子积累，免耕、少耕使杂草不能及时掩埋。因此，农田杂草为害增加是保护性耕作农田的共性。例如，

贡伯兴等研究麦茬免耕旱直播水稻田杂草发生趋势发现，由于上季麦收时大部分草籽散落于地表，种稻前耕翻只能将61%的草籽翻入下层，上水耙田又使草籽上浮，最终0~5cm表层中草籽占全耕层草籽的2/3以上，苗期杂草出草早而多、浅而齐。不同耕作方式下，小麦田的土壤杂草种子库的密度随耕作方式的不同而变化，犁耕方式下的杂草种子库密度最低（15 710粒/$m^2$），而免耕最密集（102 179粒/$m^2$）。随着耕作强度的增加，杂草种子库密度逐渐降低。据研究，在免耕玉米田进行翻耕（8~10cm深），藜的种子损耗是未翻耕处理的16倍，田间的杂草幼苗数量却增加了6倍。此外，国内外研究证实，保护性耕作农田多年生杂草种类多、为害严重。

保护性耕作农田杂草发生、为害主要表现如下特点。

一是杂草种子主要集中在1~10cm的表层土壤，杂草发生早，出草浅而整齐。

二是多年生杂草发生量增加，种类增加，防除难度加大。这是由于多年生杂草常常有很大的地下根茎繁殖体，免耕不能像翻耕那样对其进行撕扯、切割、曝晒，此外，保护性农田一般在苗前或苗期喷除草剂，而此时多年生杂草的地上部分刚刚开始生长，由于庞大的地下营养体对除草剂的稀释作用，喷到叶片上的除草剂很难使整个营养体死亡。

三是保护性耕作比传统耕作农田杂草为害更严重，除草剂用量增加，可能导致残留加大和污染环境等一系列副作用。

四是缺乏专用除草剂和抗除草剂的作物品种。

## 二、农田病虫害发生为害的现状

保护性耕作制度直接影响到作物本身及其农田环境，也影响到田间生态系统中生物种群结构和组成。受新耕作方式影响最大的是土壤环境及土壤生物种群，包括地下害虫、土传病害病原菌种群，特别是以秸秆为生存场所的害虫和病原菌的增加，可能导致一些病虫害种类增多、为害加重。从宏观的角度分析，大范围地实现保护性耕作对整个农业生态环境都会产生较大的影响，如对于迁飞性害虫（如黏虫、草地螟、蝗虫）、气传病害（如小麦锈病、白粉病、赤霉病）等的发生均会产生较大的影响，增加了重大病虫灾害发生的风险。

国外对保护性耕作条件下的病虫害发生、为害以及防治方法进行长期研究，然而，仍然没有一个较为明确的结果。总结各国的试验结果，主要有以下几个特点。

第一，土传病害和苗期病害有加重的趋势。大量秸秆覆盖地表特别适合侵染作物残体和在作物残体生存的病原菌。这些病原菌寄生在植物组织上，当作物成熟后，作物残体作为这些病原菌

的生存场所度过腐生阶段，下茬作物种植后侵染下茬作物。把作物残体留在农田表面，延缓作物残体降解，增加病原菌生存和侵染的时间。因此，以作物残体为生的病原菌大量增加，土传病害加重。

土传病害分为土传、叶部侵染病害，以及土传、根部侵染病害两种。包括小麦全蚀病、根腐病、纹枯病、土传病毒病，玉米茎基腐病，棉花枯、黄萎病，水稻纹枯病和苗期病害。据河北省报道，实现保护性耕作后小麦全蚀病明显加重，发生范围明显扩大。

第二，大范围实现保护性耕作，可能造成发生新病虫，老病虫害严重回升。玉米灰斑病是第一个发现在保护性耕作农田明显加重的病害。国内调查发现，大面积推行保护性耕作后，气传病害如小麦赤霉病、小麦叶枯病为害加重，发生面积明显增加。随着秸秆还田，小麦吸浆虫、黏虫、玉米螟为害也有加重的趋势。

## 第三节　保护性耕作防控技术应用

### 一、保护性耕作麦田病虫害防治方法

在小麦种植应用上，本着预防为主、防治相结合的原则，对

病、虫、草害的防控措施称作“四步五次法”。

第一步，播种前实施种子规范化拌种，这是防控麦田病虫草害实施的第一次防治。

具体措施：一般麦田采用含杀虫、杀菌成分的种衣剂包衣，或选用辛硫磷杀虫剂乳油+咯菌腈（或苯醚甲环唑、多菌灵等）杀菌剂进行混合拌种，综合控制地下害虫、苗期灰飞虱和黑穗病（腥黑穗病、散黑穗病）、早期根腐病等，控制全蚀病发生和蔓延。

第二步，起身—拔节期实施病、草害综合防治，这是防控麦田病、虫、草害实施的第二次防治。

具体措施：在小麦起身后拔节前，杂草2~4叶期，田间杂草10株/$m^2$以上时，选用苯磺隆或噻磺隆等高效、低残留的除草剂品种进行防治。结合化学除草混合喷施烯唑醇（或多菌灵等）高效广谱杀菌剂，综合防治纹枯病、根腐病等病害。

第三步，孕穗期实施吸浆虫蛹期防治，这是防控麦田病、虫、草害实施的第三次防治。

具体措施：对每土样方（10m×10m×20m）有吸浆虫2头以上的麦田，在小麦孕穗期（4月20日前后）吸浆虫全部到地表化蛹，用甲基异硫磷或辛硫磷配制毒土均匀撒于地表，随后浇水或保持良好的墒情，杀灭吸浆虫蛹。

第四步，扬花—灌浆期实施吸浆虫、麦蚜、白粉病、纹枯病、叶枯病（综合型）、赤霉病、锈病等病虫害的“一喷综防”。

具体措施：在小麦抽穗—扬花期（5月5—10日），于吸浆虫成虫羽化期，及时选用高效、低毒的菊酯类等杀虫剂与烯唑醇、三唑酮等杀菌剂进行混合喷雾防治，这是防控麦田病虫草害实施的第四次防治。杀灭吸浆虫成虫、兼治早期麦蚜、预防白粉病、纹枯病、叶枯病（综合型）、赤霉病、锈病等病害的发生。

在小麦灌浆期间（5月中旬至下旬初），根据病虫发生发展情况，按照以上用药方法再喷治一次，这是防控麦田病虫草害实施的第五次防治。彻底控制麦蚜和白粉病、纹枯病、叶枯病（综合型）、赤霉病、锈病等病害。

## 二、保护性耕作夏玉米田病虫害防治方法

在夏玉米上，主要防治措施为“三步重点，综合防治”。

第一步，在播种期统一选用含杀虫、杀菌剂的复配种衣剂对种子进行包衣，综合防治地下害虫、丝黑穗病、茎基腐病、苗期立枯丝核菌根腐病和瘤黑粉病。

第二步，推广“封”“杀”化学除草技术。播种后出苗前，选用乙阿合剂或丁阿合剂除草剂，与辛硫磷或吡虫啉或氯氰菊酯等杀虫剂混配均匀喷施，杀灭已出土的杂草，封闭住未出土的杂

草，同时杀灭灰飞虱和黏虫，综合防控田间杂草、苗期虫害和粗缩病。

第三步，在玉米喇叭口—抽雄期，选用辛硫磷或吡虫啉或氯氰菊酯等杀虫剂，与多菌灵或甲基硫菌灵等杀菌剂混配均匀喷施，综合防治黏虫、棉铃虫、蚜虫、蓟马等虫害和大、小斑病等病害，并在喇叭口期采用杀虫剂颗粒剂灌心和花丝期用杀虫剂药泥涂花丝，彻底防治玉米螟。

# 第六章　保护性耕作主要技术模式

按照保护性耕作工程建设规划的总体指导思想及建设原则，以我国西北、东北、华北一熟地区为重点实施区域，并适当兼顾黄淮海两熟地区。根据各地种植制度、自然生态条件等区域特点，将保护性耕作工程建设区域分为6个主要类型区：东北平原垄作区、东北西部干旱风沙区、西北黄土高原区、西北绿洲农业区、华北长城沿线区、黄淮海两茬平作区。按照每个类型区气候、土壤、种植制度特点及保护性耕作技术需求，提出各类型区主体示范推广的保护性耕作技术模式。

## 第一节　东北平原垄作区

### 一、区域特点

东北平原垄作区主要包括东北中东部的三江平原、松辽平原、辽河平原和大小兴安岭等区域，涉及黑龙江、吉林、辽宁三省的 178 个县（场），总耕地面积 2.06 亿亩。本区年降水量 500~800mm，气候属温带半湿润和半干旱气候类型；年平均气温-5~10.6℃，气温低、无霜期短。东部地区以平原为主，土壤肥沃，以黑土、草甸土、暗棕壤为主；西部地形以漫岗丘陵为主，间有沙地、沼泽，土壤以栗钙土和草甸土为主。种植制度为一年一熟，主要作物为玉米、大豆、水稻，是我国重要的商品粮基地，机械化程度较高。

## 二、技术需求

东北平原垄作区的主要问题是该地区以雨养农业为主，季节干旱，尤其春季干旱仍是作物生产的重要威胁；土壤耕作以垄作为主体，但形式比较复杂，近年来耕层变浅、土壤肥力退化现象比较严重。本区域保护性耕作的主要技术需求包括：以传统垄作为基础有效解决土壤低温及作物安全成熟问题；蓄水保墒，有效应对春季干旱威胁问题；通过秸秆根茬覆盖及免（少）耕等措施，解决土壤肥力下降问题；通过地表覆盖，解决农田风蚀、水蚀问题。

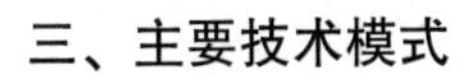

## 三、主要技术模式

1. 留高茬原垄浅旋灭茬播种技术模式

该模式通过农田留高茬覆盖越冬，既有效减少冬春季节农田土壤侵蚀，又可以增加秸秆还田量，提高土壤有机质含量。其技术要点：玉米、大豆秋收后农田留30cm左右的高茬越冬；翌年春播时浅旋灭茬，并尽量减少灭茬作业的动土量，采用旋耕施肥播种机进行原垄精量播种；保持垄形，苗期进行深松培垄、追肥及植保作业。

2. 留高茬原垄免耕错行播种技术模式

该模式适用于宽垄种植模式，通过留高茬覆盖越冬减少农田土壤风蚀、水蚀，并提高农作物秸秆还田量。其技术要点：垄宽一般在70~100cm，秋收后农田留30cm左右的残茬越冬；翌年春播时在原垄顶错开前茬作物根茬进行免耕播种；保持垄形，苗期进行深松培垄、追肥及植保作业。

3. 留茬倒垄免耕播种技术模式

该模式通过留茬覆盖越冬控制农田土壤风蚀，并增加农作物秸秆还田量。其技术要点：秋收后农田留20~30cm的残茬越冬；翌年春播时，采用免耕施肥播种机，错开上一茬作物根茬，在垄沟内免（少）耕播种；苗期进行中耕培垄、追肥及植保作业，深松作业可结合中耕或收获后进行。

4. 水田免（少）耕技术模式

该模式适用于重黏土、草炭土、低洼稻田，秋季免耕板茬越冬，春季轻耙或浅旋少耕整地，通过秸秆及根茬还田增加土壤有机质含量，并节约稻田灌溉用水。其技术要点：在灌水轻耙前撒施底肥或原茬不动旋耕施肥，沿整地苗带进行插秧；插秧后免耕轻耙；加强生育期管理，尤其重视免耕轻耙前期生育稍缓问题。

## 第二节　东北西部干旱风沙区

### 一、区域特点

本区主要包括东北三省西部和内蒙古东部四盟 83 个县（场），总耕地面积 1.28 亿亩。区内地形以漫岗丘陵为主，间布沙地、沼泽，土壤以栗钙土和草甸土为主。年降水量 300～500mm，气候属温带半干旱气候类型，年平均气温 3～10℃。种植制度为一年一熟，主要作物为玉米、大豆、杂粮和经济林果。

### 二、技术需求

东北西部干旱风沙区土地资源丰富，面临的主要问题是受地

形和干旱、大风气候影响，春季干旱严重，土地退化和荒漠化趋势加剧，生态脆弱。本区域保护性耕作的主要技术需求包括：通过留茬覆盖，提高地表覆盖度和粗糙度，解决冬春季节的农田风蚀问题；蓄水保墒，有效应对春季干旱威胁问题，提高作物出苗率；通过秸秆还田及耕作措施调节，提高土壤肥力。

### 三、主要技术模式

1. 留茬覆盖免耕播种技术模式

该模式通过留茬覆盖越冬控制农田土壤风蚀，并增加农作物秸秆还田量，提高土壤蓄水保墒能力。其技术要点：采用免耕施肥播种机进行茬地播种；苗期进行水肥管理及病虫草害防治；作物收获后，留高茬覆盖越冬，留茬高度30cm左右。

2. 旱地免耕坐水种技术模式

该模式应用免耕措施减少秋季和早春季节动土，有效控制冬春季节农田土壤风蚀，并保障播前土壤水分良好，并通过人工增水播种，提高作物出苗率。其技术要点：采用免耕施肥坐水播种机进行破茬带水播种；苗期进行中耕追肥培垄，以及病虫草害防治；作物收获后，秸秆覆盖以留高茬形式为主，留茬高度30cm左右。

## 第三节　西北黄土高原区

### 一、区域特点

本区西起日月山，东至太行山，南靠秦岭，北抵阴山，主要涉及陕西、山西、甘肃、宁夏、青海等省（区）的195个县（场），总耕地面积1.17亿亩。该区域海拔1 500~4 300m，地形破碎，丘陵起伏、沟壑纵横；土壤以黄绵土、黑垆土为主；年降水量300~650mm，气候属暖温带干旱半干旱类型；种植制度主要为一年一熟，主要作物为小麦、玉米、杂粮。

### 二、技术需求

本区坡耕地比重大，是我国乃至世界上水土流失最严重、生态环境最脆弱的地区，其中黄土高原沟壑区的侵蚀模数高达4 000~10 000t/km$^2$；降水少且季节集中，干旱是农业生产的严重威胁。本区域保护性耕作的主要技术需求包括：以增加土壤含水率和提高土壤肥力为主要目标的秸秆还田与免（少）耕技术；以控制水土流失为主要目标的坡耕地沟垄蓄水保土耕作技术、坡耕地等高耕种技术；以增强农田稳产性能为主要目标的农田覆盖

抑蒸抗蚀耕作技术。

## 三、主要技术模式

1. 坡耕地沟垄蓄水保土耕作技术模式

该模式主要针对在黄土旱塬区坡耕地的水土流失问题，采用沟垄耕作法及沟播模式，提高土壤透水贮水能力，拦蓄坡耕地的地表径流，促进降水就地入渗，减轻农田土壤冲刷和养分流失。其技术要点：沿坡地等高线相间开沟筑垄，采用免耕沟播机贴墒播种；加强苗期水肥管理，控制病虫害；作物收获后秸秆还田，并进行深松。

2. 坡耕地留茬等高耕种技术模式

该模式主要适用于黄土丘陵沟壑区坡耕地，通过等高耕作法（横坡耕作）减轻与防止坡耕地水土流失和沙尘暴危害，控制坡耕地地表径流，强化土壤水库集蓄功能。其技术要点：采用小型免耕沟播机沿等高线播种，苗期追肥和植保；收获后留茬免耕越冬，留茬高度 15cm 以上。

3. 农田覆盖抑蒸抗蚀耕作技术模式

该模式主要应用秸秆覆盖、地膜覆盖、沙石覆盖等形式，主要在作物生长期、休闲期与全程覆盖等不同覆盖时期，促进雨水聚集和就地入渗、增加农田地表覆盖、抑蒸土壤水分蒸发、减轻农田水蚀与风蚀。其技术要点：因地制宜选择适合的覆盖材料和覆盖数量；免耕施肥播种或浅松播种，保证播种质量；进行杂草及病虫害防治。

## 第四节　西北绿洲农业区

### 一、区域特点

本区主要包括新疆和甘肃河西走廊、宁夏平原的164个县(场)，总耕地面积0.57亿亩。本区地势平坦，土壤以灰钙土、灌淤土和盐土为主。海拔700～1 100m，气候干燥，年降水量50～250mm，属中温干旱、半干旱气候区；光热资源和土地资源丰富，但没有灌溉就没有农业，新疆、河西走廊地区依靠周围有雪山及冰雪融溶的大量雪水资源补给，而宁夏灌区则可引黄灌溉。种植制度以一年一熟为主，是我国重要的粮、棉、油、糖、瓜果商品生产基地。

### 二、技术需求

西北绿洲农业区主要问题是灌溉水消耗量大，地下水资源短缺，并容易造成土壤次生盐渍化；干旱、沙尘暴等灾害频繁，土

地荒漠化趋重，制约农业生产的可持续发展。本区域保护性耕作的主要技术需求包括：以维持和改善农业生态环境为主要目标，通过秸秆等地表覆盖及免耕、少耕技术应用，有效降低土壤蒸发强度，节约灌溉用水，增加植被和土壤覆盖度，控制农田水蚀和荒漠化。

## 三、主要技术模式

### 1. 留茬覆盖少免耕技术模式

该模式利用作物秸秆及残茬进行覆盖还田，采用免耕施肥播种或旋耕施肥播种，有效减少频繁耕作对土壤结构造成的破坏，控制土壤蒸发，增加土壤蓄水性能，并减轻农田土壤侵蚀。其技术要点：前茬作物收获时免耕留茬覆盖或秸秆粉碎还田，土壤封冻前灌水，休闲覆盖越冬；次年春季根据地表情况进行免耕播种或带状旋耕播种，一次完成播种、施肥和镇压等作业；生育期根据需要进行病虫草害防治和灌溉。

### 2. 沟垄覆盖免耕种植技术模式

该模式利用作物残茬等覆盖，采用沟垄种植并结合沟灌技术，应用免耕施肥播种，有效减少耕作次数和动土量，在控制土壤蒸发同时减少灌溉水用量，并控制农田土壤侵蚀。其技术要点：冬季灌水，春季采用垄沟免耕播种机或采用垄作免耕播种机在垄上免耕施肥播种，苗期追肥、植保、灌溉，采用沟灌方式进行灌溉。

## 第五节 华北长城沿线区

### 一、区域特点

本区属风沙半干旱区的农牧交错带，主要包括河北坝上、内蒙古中部和山西雁北等地区的66个县，总耕地面积0.64亿亩。每年春季在强劲的西北风侵蚀下，少有植被的旱作农田，土壤起沙扬尘而成为危害华北生态环境的重要沙尘源地。本区地势较高，海拔700~2 000m，天然草场和土地资源丰富；土壤以栗钙土、灰褐土为主；气候冷凉，干旱多风，年均温1~3℃，年均风速4.5~5.0m/s，年降水量250~450mm。种植制度一年一熟，主要作物为小麦、玉米、大豆、谷子等。

### 二、技术需求

华北长城沿线区主要问题是冬春连旱，风沙大，土壤沙化和风蚀问题严重，生态环境非常脆弱，造成农田生产力低而不稳。本区域保护性耕作的主要技术需求包括：增加地表粗糙度，减少

裸露，减少或降低风蚀、水蚀，抑制起沙扬尘，遏制农田草地严重退化、沙化趋势；覆盖免耕栽培，减少或降低农田水分蒸发，蓄水保墒、培肥地力、提高水分利用效率等。

## 三、主要技术模式

### 1. 留茬秸秆覆盖免耕技术模式

该模式利用作物秸秆及残茬进行冬季还田覆盖，有效控制水土流失和增加土壤有机质，采用免耕施肥播种减少动土并保障春播时土壤墒情。其技术要点：秋收后留茬秸秆覆盖，播前化学除草，免耕施肥播种；生育期病虫害防治，机械中耕及人工除草。

### 2. 带状种植与带状留茬覆盖技术模式

该模式主要适用于马铃薯种植区，重点针对马铃薯种植动土多、农田裸露面积大及风蚀沙尘严重问题，通过马铃薯与其他作物条带间隔种植技术与带状留茬覆盖技术减少土壤侵蚀。其技术要点：马铃薯按照常规种植方式，其他作物采用免耕施肥播种机在秸秆或根茬覆盖地免耕播种；苗期管理中重点采用人工、机械及化学措施进行草害防控；作物收获后，留高茬免耕越冬，留茬高度 20cm 以上。

## 第六节　黄淮海两茬平作区

### 一、区域特点

主要包括淮河以北、燕山山脉以南的华北平原及陕西关中平原，涉及北京、天津、河北中南部、山东、河南、江苏北部、安徽北部及陕西关中平原8个省份480个县（场），总耕地面积3.8亿亩。本区气候属温带—暖温带半湿润偏旱区和半湿润区，年降水量450~700mm，灌溉条件相对较好。农业土壤类型多样，大部分土壤比较肥沃，水、气、光、热条件与农事需求基本同步，可满足两年三熟或一年两熟种植制度的要求，主要作物为小麦、玉米、花生和棉花等，是我国粮食主产区。

### 二、技术需求

本区域农业生产面临的主要问题是“小麦—玉米”两熟制的秸秆利用问题，其已成为农业生产的一大难题，发生大量秸秆焚烧现象；化肥、灌溉、农药的机械作业投入多，造成生产成本持续加大；用地强度大，农田地力维持困难；灌溉用水多，水资源短缺，地下水超采严重。本区域保护性耕作的主要技术需求包

括：农机农艺技术结合，有效解决小麦、玉米秸秆机械化全量还田的作物出苗及高产稳产问题；改善土壤结构，提高土壤肥力，提高农田水分利用效率，节约灌溉用水；利用机械化免耕技术，实现省工、省力、省时和节约费用等。

## 三、主要技术模式

1. 小麦—玉米秸秆还田免耕直播技术模式

该模式将小麦机械化收获粉碎还田技术、玉米免耕机械直播技术、玉米秸秆机械化粉碎还田技术，以及适时播种技术、节水灌溉技术、简化高效施肥技术等集成，实现简化作业、减少能耗、降低生产成本，以及培肥地力、节约灌溉用水目的。其技术要点包括：采用联合收割机收获小麦，并配以秸秆粉碎及抛撒装置，实现小麦秸秆的全量还田；玉米秸秆粉碎机将立秆玉米秸粉碎1~2遍，使玉米秸秆粉碎翻压还田；小麦、玉米实行免耕施肥播种技术，播种机要有良好的通过性、可靠性、避免被秸秆杂草堵塞、影响播种质量；进行病、虫、草害防治，用喷除草剂，机械锄草、人工锄草相结合的方式综合治理杂草。

2. 小麦—玉米秸秆还田少耕技术模式

该模式同样以应用小麦机械化收获粉碎还田技术、玉米秸秆机械化粉碎还田技术为主，但在玉米秸秆处理及播种小麦时，采用旋耕播种方式，实现简化作业、降低生产成本，及秸秆全量还田培肥地力、节约灌溉用水。其技术要点包括：采用联合收割机收获小麦，并配以秸秆粉碎及抛撒装置，实现小麦秸秆的全量还田，免耕播种玉米，机械、化学除草；秋季玉米收获后，秸秆粉碎旋耕翻压还田并播种小麦；进行病、虫、草害防治和合理灌溉。

# 第七章　保护性耕作技术的应用

## 第一节　一年两熟区小麦免耕碎秆覆盖技术

工艺流程：小麦收割前灌水造墒→小麦联合收割机收割→小麦秸秆粉碎或浮秆捡拾打捆外运→免耕施肥精量播种（玉米）→化学除草、除虫→排灌渠开挖→玉米田间管理（病虫害防治、灌水、中耕追肥除草）→玉米收割→秸秆残茬处理→免耕播种（小麦）→小麦田间管理→小麦收割。

特点：两茬全部免耕，抢时效果明显，耕作次数少，成本低。

### 一、小麦收割

在小麦蜡熟后期选用适宜联合收割机机型及时收割，小麦割茬高度控制在20~25cm。

## 二、小麦秸秆粉碎或浮秆捡拾打捆外运

收割脱粒后的麦秸如需要捡拾外运，则可用捡拾打捆机将联合收割机脱粒后的浮秆打捆外运，不需要再进行秸秆粉碎即可直接免耕播玉米。北京郊区小麦产量较高，即使进行留茬覆盖，也可保证播后30%以上的秸秆覆盖率，同时，不进行粉碎作业，可利用根茬的牵阻作用，减少玉米播种时的堵塞。对小麦秸秆无其他用途、地表有大量浮秆的地块，则需进行粉碎作业。要求粉碎后的秸秆碎段在3~5cm，抛撒均匀。无论粉碎或外运，田间秸秆不能有不碎、拥堆现象，以免妨碍玉米播种开沟器顺利通过和排种、玉米种子着落在适墒实土上，避免秸秆成堆回移覆盖播行影响出苗。

## 三、免耕施肥精量播种（玉米）

1. 施肥

在大量麦茬和麦秸还田的情况下，施肥不仅是保证玉米生长的需要，而且是调节田间土壤碳氮比，防止麦秸腐解造成微生物与幼苗争肥的现象。

（1）施肥用量

据研究，京郊每生产玉米100kg籽粒，需要吸收纯氮2.6kg、

速效磷（$P_2O_5$）1.23kg、速效钾（$K_2O$）2.3kg。应根据品种特性和土壤的供肥能力设定切实的目标产量，确定施肥用量。据对夏玉米高产田调查，有机质含量1.20%～1.50%的良田，亩产600kg以上要施氮素2kg、速效磷（$P_2O_5$）9.1kg、速效钾（$K_2O$）7.3kg。

（2）底肥、追肥施肥用量比例

免耕播种的夏玉米化肥施用要根据夏玉米生长发育规律、秸秆腐解、碳氮比调节和考虑小麦—玉米两茬轮作需求合理分配各阶段施肥用量，应把磷肥侧重施于小麦，而钾肥和1/2的氮肥用作底肥。以亩产600kg玉米作基准，施肥量应为尿素18～19kg、磷酸二铵1.5kg，硫酸钾10kg。实际应用时可以目标产量和施肥条件的不同作适当调节。

（3）施肥方法

根据施肥量、肥料种类不同，底肥可以随播种机与播种分层深施或侧施，施肥量在30kg以下分层深施，30kg以上侧施，种、肥间距在5cm。尽量减少种、肥接触，防止烧苗，提高出苗安全性。

随播种施入的底肥应选用颗粒化肥，并应在播种前进行检查，不得有大于0.5cm的块状化肥存在。以保证化肥的流动性和施肥量准确、均匀。

其他玉米生长所需肥料可在追肥时施入。

2. 精量播种

（1）选用品种

免耕播种相对传统种植方式使播期提前，为玉米增产提供了光热资源条件。宜选用生育期 100d 左右、抗病性适应性较强、籽粒和秸秆品质好的品种。根据京郊地区发展需求，要考虑青贮和粮用选择适当品种。其中青贮类品种有高油 115、鲁单 052、科青 2 号、墨白等；粮用品种有中元单 32、京玉 10、京早 13、中金 608、尊单 1 等。

（2）种子处理

播种前必须对玉米种子进行处理。

①清选。为提高种子饱满度、纯度和净度，播前需对种子清选。可用人工、清选机、扬场机等清选。

②晾晒。播种前在 30℃下晾晒 1~2d，使其含水率降到 13%左右，经清选晾晒后的种子应达到发芽势和发芽率 95%以上质量要求。

③种子包衣、拌种。此处理能提高防治地下害虫、防病的能力。提高出苗速度与整齐度。

④发芽、出苗率试验。选择与生产情况相同的条件，提前 4~6d 播下 4 个百粒一组的样段，观察出苗率。

（3）播期确定

尽早播种不但有利于玉米产量的提高，也有利于籽粒和青贮品质的提高，而且可提前收获。京郊地区在6月20日以前完成播种，能保证生育期100~105d的品种在10月1日左右成熟。因此，应在田块准备好后，及时播种。播种质量要求如下。

①密度精准。对密度的要求是玉米品种的特性之一，夏玉米对栽培密度反应敏感。具体的密度要求因品种而异，并结合土壤肥力条件和种植目的考虑。

青贮玉米：叶片上冲、紧凑型品种4 500~4 800株/亩；叶片平展、茎叶繁茂性品种4 300~4 400株/亩。

粮用玉米：紧凑型品种4 000~4 500株/亩；平展型品种3 500~4 000株/亩。

②确定播种行距和株距。行距确定要兼顾玉米收割机配套使用。以0.60cm、0.66cm、0.70cm 3种行距为宜。株距可依密度（亩基本株数）和行距（m）决定，假定种子发芽率100%，按株距（m）= 666.7/（行距×密度）计算

确定株距并调整播种机。要求密度精准，行距、株距误差均不超过5%。

（4）播深

壤土地块播种深度在3~5cm为宜，沙性土壤在5~6cm为

宜。要求同一地块、同一播行内播深一致，最大变幅间距不超过1cm，以实现出苗整齐一致。种子着落在实土上并覆土严实，没有秸秆覆盖和支垫。

## 四、化学除草、除虫

玉米苗期主要的虫害是由小麦后期留转寄生的黏虫，通过麦茬及茬间杂草转到玉米幼苗。如果在小麦生长后期没有防治．可在玉米播后出苗前结合化学除草喷药防治，也可在虫害初期进行防治。可用50%辛硫磷乳油5 000~7 000倍液、90%敌百虫乳油1 000~1 500倍液或50%敌敌畏乳油2 000~3 000倍液，每亩用量60kg。

对播前残留明草可用草甘膦进行茎叶处理，用药量为每亩10%草甘膦铵盐水剂1 000mL，兑水60L机械喷施。

防治苗后出生杂草，每亩可用40%莠去津乳剂75g+85%乙草胺乳油50g兑水40L喷雾，进行土壤处理。茎叶处理和土壤处理除草可同时进行，两类药剂总量合并一次喷雾。一般情况下除虫和除草应分别操作。

## 五、玉米田间管理

玉米田间管理的主要任务有中耕除草追肥、病虫害防治和根

据需要灌水等。

1. 中耕追肥除草

根据多年试验和生产实践，可参考玉米叶龄指数（玉米展开叶数与总叶片数之比）决定追肥的时间。叶龄指数为50%时是玉米雌穗小穗分化期，时间在玉米出苗后一个月左右。此时可将剩余钾肥、氮肥一次追入，追肥效果好。追肥的方法有：结合机械中耕深施覆土、人工穴施或随浇水喷施。喷灌施肥应在喷肥前后各喷20min清水，以防烧叶。

2. 病虫害防治

玉米长到大喇叭口之后荫蔽度增加，加上雨季来临，易发生病虫害。主要病害有大斑病、小斑病、褐斑病、纹枯病和病毒病等。为了防止病害发生和流行，应在发病初期喷施杀菌剂防治，对病毒性病害则要消灭传病媒介虫源。

中后期虫害主要是玉米螟和玉米蚜虫。玉米螟可通过释放赤眼蜂、喷施白僵菌活孢子或心叶中点放4%辛硫酸乳油、Bt颗粒剂等方法防治。而玉米蚜虫大量聚集在上部叶片和天穗、花丝处并排出蜜露，每亩可用20%抗蚜威可湿性粉剂10g兑水15L喷雾防治。药剂防治应在抽雄扬花前开始至收割前2~3周进行。

3. 灌水

除玉米生长期根据生长需要和土壤含水率进行浇水外，在玉米收获前应根据土壤含水率进行必要的浇水，其目的是为下茬小麦播种造墒。

小麦适宜播种的土壤耕层含水率为18%~20%，相当土壤田间持水量的60%~80%。北京郊区小麦播种适期为9月25日至10月5日，而降水多在7月至8月，常出现播种时土壤墒情不足，因此应在播前灌水造墒。由于玉米收割和小麦播种的农耗期很短，玉米收割后造墒会造成小麦晚播，因此可根据需要在玉米收割前灌水造墒。一般是黏土地提前造墒，沙土地晚造墒。根据土壤耕层含水率与指标要求差值决定灌水量，一般情况喷灌6~8h。

## 六、秸秆残茬处理

对前茬玉米秸秆和残留物处理分为青贮玉米和粮用玉米两种情况。由于青贮玉米大量的地上生物产量被收割外运，剩余的残茬和地表杂草存量对小麦免耕播种机的开沟器正常通过影响不大。可直接进行播种作业。粮用玉米收割果穗后，若秸秆新鲜度好，则可将其收割用作青贮；对不适宜青贮和不需要青贮的秸秆要用秸秆粉碎机械进行粉碎、抛撒等处理。要求秸秆碎段长度不超过3cm，抛撒均匀，不能在地表形成拥堆等有碍播种开沟器顺利通过的情况。此外还需对杂草严重的点片位置进行重点清理或粉碎。

## 第二节　冬小麦保护性耕作技术

### 一、适宜条件

本技术工艺体系适用于一年一熟小麦种植地区，年平均气温12℃左右，0℃以上积温为4 000℃以上，10℃以上积温为3 600℃以上，无霜期180d左右，年降水量450mm左右，土壤以褐土为主。

### 二、一年一熟冬小麦保护性耕作技术

1. 免耕秸秆覆盖体系

免耕秸秆覆盖体系其工艺流程如下。

收割小麦→秸秆覆盖→（休闲期化学除草）→免耕施肥播种→田间管理（查苗、补苗等）→越冬→化学除草→病虫害防治→收割。

该技术体系适用于亩产200kg以下、表土平整、疏松的地块。其工艺规程如下。

（1）收割

可采用联合收割机、割晒机收割或人工收割。要求留茬高度

保持在20cm左右，脱粒后的秸秆在地表均匀覆盖。如用联合收割机收割，应将成条或集堆的秸秆人工挑开；如采用割晒机收割或人工收割，应将脱粒后的秸秆运回田间均匀覆盖。其目的是更好地发挥秸秆覆盖的保水保土作用且防止由于覆盖不均匀造成后续播种作业时的堵塞。

（2）休闲期除草

根据休闲期田间杂草的实际生长情况进行。一般若休闲期降水少，田间杂草少时，可人工除草或不除草；严格控制杂草滋生；按除草剂说明书使用农药，防止污染和产生药害；因连雨天无法用化学防除法控制杂草时，可用人工或浅松机械除草，并要求在播种前完成。

（3）免耕施肥播种

在小麦播种适期及时播种。其要求如下。播种用种子应清洁无杂，发芽率应达到90%以上；为减少病虫危害应按拌种剂的使用说明进行农药拌种；随免耕播种进行的施肥应用颗粒肥料，不得有大的结块；播种中应随时观察，防止由于排种管、排肥管堵塞而造成漏播；遇到秸秆堵塞时应及时清理并重播，以保持较高的播种质量。

（4）查苗、补苗

小麦出苗后应及时查苗；如有漏播应及时补苗。

（5）返青后的田间管理

返青后的田间管理主要是进行除草和病虫害防治。

2. 免耕碎秆覆盖体系

免耕碎秆覆盖体系其工艺流程如下。

小麦收获→秸秆粉碎还田覆盖→（休闲期化学除草）→免耕施肥播种→田间管理（查苗、补苗等）→越冬→化学除草→病虫害防治一收割。

该技术体系适用于亩产200~300kg、地表平整、土壤疏松的地块。

免耕碎秆覆盖体系的工艺规程与前述免耕秸秆覆盖体系基本相同。不同之处是小麦的秸秆量大，需要在小麦收割后对覆盖还田的秸秆进行粉碎处理。

秸秆粉碎还田覆盖有两种作业工艺可供选择。一种是用自带粉碎装置的联合收割机收割小麦，要求留茬高度10cm左右，使较多的秸秆进入联合收割机中粉碎，对停车卸粮或排除故障时成堆的秸秆和麦糠人工撒匀。另一种是用不带粉碎装置的联合收割机收割或采用割晒机或人工收割后覆盖在田间的秸秆较多、较长，需要进行专门的秸秆粉碎。对后一种收割工艺，可采用高留茬（2. 0cm左右），以减少收割机的喂入量，提高效率；对覆盖在田间的秸秆可利用秸秆粉碎机粉碎还田。秸秆粉碎作业的时间可在收割后马上进行，也可在稍后田间杂草长到10cm左右时进行，这样可在进行秸秆粉碎的同时完成一次除草作业，减少作业次数，降低成本。

3. 秸秆覆盖+表土作业体系

秸秆覆盖+表土作业体系其工艺流程如下。

小麦收割→秸秆粉碎还田覆盖→（休闲期化学除草）→播种前表土作业→施肥播种→田间管理（查苗、补苗等）→越冬→化学除草→病虫害防治→收割。

该技术体系适用于亩产350kg以下、地表不平的地块。

秸秆覆盖+表土作业工艺规程与免耕秸秆覆盖体系和免耕碎秆覆盖体系基本相同，不同之处是当播前地面不平、地表秸秆量过多、杂草量过大或表土状况不好时，播种前需进行一次表土作业。表土作业可供选择的有浅松、耙地和浅旋3种。3种表土作业的选择原则和要求各不相同。

(1) 浅松

浅松作业是利用浅松铲在表土下通过，利用铲刃在土壤中的运动，达到疏松表土、切断草根等目的；利用浅松机上自带的碎土镇压轮（辊）使表土进一步破碎和平整。浅松作业不会造成土壤翻转，因而不会大量减少地表秸秆覆盖量，主要目的为松土、平地和除草。浅松在播前宜耕湿度时进行，浅松深度为8cm

左右。

（2）耙地

地表秸秆量较大且杂草量一般、地表状况较差时采用。用轻型耙在播前15d左右或更早宜耕湿度时进行，耙深要求小于10cm。

（3）浅旋

地表秸秆量过大、腐烂程度差、杂草多、地表状况差时采用。浅旋要在播前15d或更早时进行，以保证有足够的时间使土壤回实，浅旋深度为5~8cm。

表土作业均有除草作用，可代替休闲期的一次喷除草剂除草。浅旋对土壤破坏较大，尤其是会打死表土中的蚯蚓，不符合保护性耕作少扰动土壤的要求，一般只能是缺乏其他表土作业手段时的一种过渡。

4. 深松碎秆（整秆）覆盖体系

深松碎秆（整秆）覆盖体系其工艺流程如下。

小麦收割→（秸秆粉碎还田覆盖）→深松→（休闲期化学除草）→（表土作业）→施肥播种→田间管理（查苗、补苗等越冬→化学除草→病虫害防治→收割。

该技术体系适用于多年浅耕、有犁底层存在或土质坚硬、容重大（壤土1.3g/cm$^3$，黏土1.4g/cm$^3$以上）的地块。

深松碎秆（整秆）覆盖工艺规程与免耕秸秆覆盖体系和免耕碎秆覆盖体系基本相同，不同之处是增加了深松作业。

（1）深松

深松作业可代替翻耕，与翻耕相比具有土壤扰动少，不破坏地表秸秆覆盖状态，有利于形成虚实并存的耕层结构，利于蓄水等优势。因此对于土质坚硬、多年传统翻耕土壤中存在犁底层的地块，应进行深松作业，以松代翻。其要求如下；小麦收割后及时深松，利于休闲期及时接纳雨水；深松的宜耕湿度为壤土含水率15%左右，因此应在适松期及时深松，以更好地保证深松质量；深松深度要达到30cm或以上，以打破原有犁底层，改善土壤结构；深松后地表要求平整，以减少对后续播种作业造成的不利影响。

需要特别说明的是，深松不需要年年进行，一般在推广保护性耕作技术初期1~2年深松一次，以后3~4年甚至间隔更长深松也不会对小麦生长发育造成大的影响。

（2）表土作业

为选择性作业，如果进行了秸秆粉碎和深松作业，且秸秆粉碎和深松质量较高、地表平整、秸秆覆盖均匀、播种前田间杂草较少，则可不进行表土作业。如果深松时出现深松沟和大的土块，在播种前则要增加必要的表土作业，以保证后续播种作业的

顺利进行和良好的播种质量。不同表土作业的选择原则与碎秆覆盖+表土作业体系相同。

## 第三节　春玉米保护性耕作技术

一年一作种植玉米地区实施保护性耕作技术，改变传统的农业生产耕作方法，种植玉米不再耕翻土地，只进行必要的深松和表土耕作，选用免耕播种机一次完成施肥、播种作业，辅以化学除草（或机械除草）和病虫害防治，达到蓄水保墒、防止水土流失、培肥地力、减少机械作业次数、节约开支、增加产量和效益的目的。

一年一熟春玉米保护性耕作技术工艺体系的适宜条件为积温2 900℃以上，无霜期120d以上，年降水量400mm以上，水土流失严重的地区。

一年一熟春玉米保护性耕作技术工艺体系可分为以下几种。

### 一、免耕碎秆覆盖体系

其工艺流程如下。

收割→秸秆粉碎→（圆盘耙耙地）→休闲→免耕施肥播种→杂草控制→田间管理→收割。

该技术体系是中国农业大学多年试验证明综合效益最好的一种技术体系。其中玉米产量每亩不足500kg、冬季休闲期间无大风的地区，可取消工艺流程中的圆盘耙耙地作业；玉米产量高于每亩500kg、秋冬季风大的地区，为防止大风将粉碎后的秸秆吹走或集堆，可用重型圆盘耙耙地作业，将粉碎后的秸秆部分混入土中，可以减少大风将覆盖在地表的粉碎秸秆吹走或集堆的可能性。

其工艺规程如下。

1. 玉米收割

玉米收割一般在9月下旬开始，也有的地区是10月或11月收割。收割工艺有人工摘穗或机械收割两种。无论采用何种收割工艺，均应注意以下两点。

第一，应将玉米苞叶一起摘下运出田间，因为玉米苞叶韧性大、不易腐烂，留在田间会影响秸秆粉碎质量和翌年的播种质量。

第二，尽量保持玉米秸秆直立状态，减少由于拖拉机进地将玉米秸秆压倒陷入土中的情况发生。玉米秸秆陷入土中时，秸秆粉碎机的甩刀无法将秸秆切碎，会影响秸秆粉碎质量，长的秸秆会堵塞播种机，进而影响播种质量。

2. 秸秆粉碎

有的玉米收割机上自带秸秆粉碎装置，收割的同时完成秸秆粉碎作业，不再需要进行专门的秸秆粉碎作业；玉米收割时未同时粉碎秸秆的应及时进行玉米秸秆粉碎作业。要求粉碎后的碎秸秆长度小于10cm，秸秆粉碎率大于90%，粉碎后的秸秆应均匀抛撒覆盖地表，根茬高度小于20cm。

3. 耙地

耙地作业为选择性作业。其目的是将粉碎后覆盖于地表的秸秆通过耙地与土壤部分混合，防止碎秸秆被大风刮走或集堆，否则一方面会影响覆盖效果，另一方面会影响翌年的播种。如当地冬季风小、风少，则可不进行耙地作业，如当地冬季风大、风多，则应进行耙地作业。耙地作业一般采用重型缺口圆盘耙作业，耙深5~8cm，耙的偏角大小会影响秸秆覆盖率的多少，因此，应根据田间覆盖秸秆量的多少调整圆盘偏角。秸秆量少，圆盘偏角调小些；秸秆量大，圆盘偏角调大些。耙地后田间秸秆覆盖率应不低于50%。

在试验推广玉米保护性耕作技术的过程中，多采用秸秆粉碎后用驱动滚齿耙作业工艺，效果也不错，有条件的地区可以试用。

4. 免耕施肥播种

翌年玉米适播期应及时播种。其要求如下。

选择颗粒饱满、高产、优质的良种，净度不低于98%，纯度不低于97%，发芽率达到95%以上，并根据各地病虫害特征对种子进行包衣或其他药物处理。

肥料选用颗粒状化肥，颗粒状肥流动性好，容易保证施肥质量。而粉状化肥易结块，流动性差，会影响施肥效果。另外，播种、施肥前应对所施化肥进行检查，对化肥中大于0.5cm的结块先行处理（压碎），块状肥易造成堵塞，影响施肥效果。

播种量和施肥量按当地亩保苗数和产量水平确定。一般亩产400kg左右播种量为每亩1.6~2.1kg（精量播种，非精量播种时应适当加大播种量），施肥量每亩20~30kg。

播种时的适宜条件为：土壤5~10cm表层温度应稳定在8℃以上，0~10cm土层的含水率15%~18%。

免耕播种施肥形式有垂直分施和侧位分施化肥两种，不管是垂直分施化肥还是侧位分施化肥，均应保证化肥和种子间距达到4cm以上。

春季播种时气温稍低的地方，应选用能将种行上的秸秆清理到行间的免耕播种机，防止由于播种后种行上覆盖较多的秸秆影响地温上升和玉米出苗。

玉米种子覆土深度为 3cm 左右为宜，并应适当镇压。

如春季播种时表土较干，应采用深开沟，浅覆土工艺，尽量将种子播在湿土上。

5. 杂草控制

草害是影响保护性耕作技术效果的一大障碍。为了防止杂草滋生成害，必须在玉米播种后、出苗前，及时喷施除草剂，全面封闭地表，抑制杂草。除草剂品种可选莠去津等除草剂。莠去津用量为每亩 0.25~0.35kg，兑水 50kg。喷除草剂具体时间根据气温和风力而定，当气温稳定在 10~15℃和风力小于 3 级时，便于喷除草剂（当气温低于 10℃时效果不佳）。

施药作业时应根据地块杂草的情况，合理配方，适时打药。药剂要搅拌均匀，漏喷、重喷率不大于 5%，作业前注意天气变化，注重风向。选用的植保机具要达到喷量准确、喷洒均匀、不漏喷、无后滴。雾滴大小和喷药量应可随时调节。目前由于家庭承包土地责任制所致，以一家一户手压人工喷雾器为主。有条件的可配备泰山-1BC 型背负式机动喷雾器进行喷药，解决化学除草的需求。

6. 田间管理

田间管理的主要任务有玉米出苗后的查苗、补苗、间苗，生育期的追肥、中耕培土、杂草控制和病虫害防治。要求如下。

玉米生长到4~5叶时应及时进行查苗，并根据出苗情况进行补苗和间苗、定苗，间苗时应根据需要的亩保苗数确定苗间距。

玉米生育期的杂草控制以人工锄草为主。在5月中下旬玉米3叶、4叶期结合间苗、定苗管理作业进行人工锄草；在玉米生长至喇叭口期的6月下旬到7月上旬，可结合给玉米追施尿素和中耕培土作业除草，要求除草彻底，解决杂草与玉米生长争水、争肥的问题。

不主张使用旋耕机进行浅旋。

玉米收割、免（少）耕播种、杂草控制、田间管理等。作业工艺与免耕碎秆覆盖体系工艺规程相同。

## 二、免耕倒秆覆盖体系

其工艺流程如下。

人工摘穗收割→压倒秸秆（人工或机械）→休闲→免耕施肥播种→杂草控制→田间管理→收割。

特点为：秸秆不易被风吹走或集堆，作业成本低，适合冬季风大或机械化程度较低的地区。

其工艺规程如下。

1. 压倒秸秆

玉米收割后将秸秆压倒覆盖在地表，对土壤有良好的保护作用，冬季风大时也不易将秸秆刮走或集堆，同时，倒秆覆盖的地方还有利于控制杂草。压倒秸秆的方式有人工踩倒或机械压倒两种。

2. 免耕施肥播种

免耕施肥播种作业的作业技术要求参见前述免耕碎秆覆盖体系，需要注意的是，播种时根据秸秆压倒方向播种，逆向播种会产生较大的堵塞。

3. 杂草控制、田间管理等

与免耕碎秆覆盖体系的技术规程相同，这里不再重复叙述。

## 第四节　水稻保护性耕作技术

### 一、免（少）耕保护性耕作技术

免耕法是指在未翻耕的土地上直接播种或者栽种作物的方法，也可称为直接播种法、零耕法等。少耕法是将连年翻耕改为隔年翻耕或2~3 年再翻耕，以减少耕作次数。在我国实际采用较多的是少耕法。

（一）水稻免耕直播栽培技术

水稻免耕直播栽培是未经翻耕犁耙，用灭生性除草剂灭除稻田内的稻茬、杂草和落粒谷芽苗后，放水沤田，然后进行直播栽培的一项轻型稻作新技术。它是免耕技术与直播技术的进一步发展，具有明显的省工、节本、增效的特点。水稻免耕直播比常规直播产量略有增加或基本持平，由于省工、节支，不用翻耕犁耙，水土流失少，经济、生态效益较高。

1. 品种选择

选择株高中等偏矮，茎秆粗壮，分蘖力强，抗倒性好的优质晚粳品种。

2. 播种时间

免耕直播稻较移栽稻全生育期缩短 7~10d，应根据品种特性的生育特性，安排好播种期。一般在 5 月底至 6 月初播种，掌握迟熟品种适当早播，早熟品种适当迟播。

3. 确保全苗

要求分板定量播种，一般优质常规稻品种每公顷用种 3.75~4.5kg 为宜。播种前要灌水泡板，等水自然落干、平板后直接播种。播种时要疏通环田沟、直沟，做到田面无积水，否则会烂种或烧芽，造成缺苗。播种至齐苗期田间保持湿润，二叶一心期开始灌薄水，如果出苗不匀，在 5~6 叶期进行移密补疏，确保苗

全、苗匀。

4. 彻底除草

播前合理灭茬和杀灭老草是免耕直播获得成功的第一步。喷药时要选择晴天，按配方兑足水量，均匀喷药。播后立苗前，用40%苄嘧·丙草胺可湿性粉剂或30%丙草胺乳油等。兑水后对畦面进行喷雾封杀。三叶期后，若有稗草、三棱草、阔叶草等杂草，可选择二氯喹啉酸、禾草敌、嗯草酮等相应的药剂进行灭除。

5. 防止倒伏

首先要选择矮秆、耐肥抗倒品种。其次栽培上做到够苗晒田，及时防治纹枯病、稻飞虱等病虫害，增施磷、钾肥，后期不施或少施氮肥，防止贪青倒伏。

6. 科学施肥

基肥，每公顷施过磷酸钙375~450kg、碳铵375kg，于播种前一天傍晚施下；断奶肥，于3叶期每公顷施尿素、氯化钾各60kg，促早生快发；壮蘖肥，于6叶期每公顷施尿素120~150kg、氯化钾90kg或高浓度三元复合肥225kg。当分蘖数接近预定穗数及时晒田控蘖，减少无效分蘖，提高成穗率，确保每公顷有效穗数控制在330万~375万。中期攻穗增粒。在颖花分化期每公顷施尿素、氯化钾、复合肥各45kg。免耕直播稻穗数较多，密度大，后期一般不施肥，田间保持湿润，使禾苗在抽穗时期明显转青，增强植株抗病虫能力，提高结实率和千粒重。

7. 合理管水

播后至二叶一心，一般保持沟中有水，畦面湿润；若遇连续晴天，畦面发白，上午灌水上畦，浸透后即排出，避免畦面长期积水。二叶一心后，浅、湿、干交替，以湿为主。至田间总茎蘖数达到预期穗数的80%左右及时排水搁田，当田边有细裂，田中不陷脚时复水，自然落干后再复水，这样反复多次轻搁，直至主茎倒二叶露尖后田间保持浅水层，水深3~5cm。乳熟期后干湿交替。收割前5~7d逐步断水。

（二）水稻免耕抛秧技术

水稻免耕抛秧技术是指在未经翻耕犁耙的稻田上进行水稻抛栽的保护性耕作方法，是继抛秧栽培技术之后发展起来的更为省工、节本、高效、环保的轻型栽培技术。它是集免耕、抛秧、除草、节水、秸秆还田等技术为一体的新型简便水稻栽培技术。

1. 免耕稻田处理

（1）免耕稻田的选择

免耕抛秧宜在水源充足、排灌方便、田面平整、耕层深厚、保水保肥能力好的稻田进行。易旱田和浅瘦漏的沙质浅脚田不适宜作免耕田。低洼田、山坑田、冷浸田等在免耕化学除草前要开

好环田沟和十字沟，及时排干田水。

（2）化学除草灭茬

免耕抛秧前要选择灭生性除草剂，选用的除草剂最好具备安全、快速、高效、低毒、残留期短耐雨性强等优点。生产上应用的稻田免耕除草剂主要是内吸型灭生性的草甘膦类除草剂，如草甘膦铵盐、草甘膦等。该类除草剂灭生效果好，但除草速度较慢，喷药后根系先中毒枯死，3~7d 地上部叶片才开始变黄，喷药后 15d 左右，杂草植株的根、茎、叶才全部枯死。

①喷药前免耕田块的处理。

早稻免耕田处理：早稻在抛秧前 10~15d 施药，主要是用于防除稻田间及田埂边杂草。喷药前的 1 周内，保持田块有薄水层，利于杂草萌发和土壤软化，施药时田块应排干水，尽量选择晴天进行。每公顷用 2. 25~3. 0kg 74. 7%草甘膦铵盐水溶粒剂，兑清水 375~450kg，均匀喷洒田间和田埂杂草，注意不能漏喷。

晚稻免耕田处理：早稻收割时要尽量低割，稻桩高度最好不超过 15cm。早稻收割后，排干田水，如天气晴朗，即在当日或第二天每公顷用 3. 0~4. 5kg 74. 7%草甘膦铵盐水溶粒剂，兑清水 375~450kg，均匀喷洒稻桩和田间、田埂杂草。如果季节允许，也可待稻桩长出再生稻时再喷药。

注意不能漏喷。喷雾器要求雾化程度较好，雾化程度越高效果越好。无论使用哪类除草剂，田面必须无水，选用草甘膦类除草剂，喷药后 4h 内下雨，效果会受影响，需要重新喷药，除草剂必须使用清水兑药，不能用污水、泥浆水，否则药效会降低。

②喷药后免耕田块的处理。

施药后 2~5d，稻田全面回水，早稻浸泡稻田 7~10d、晚造浸泡稻田 2~4d，待水层自然落干或排浅水后抛秧。如果季节允许，浸田时间长一些，效果更好。对季节十分紧张的免耕稻田（如桂北双季稻区晚稻免耕田），可在收割当天喷药，喷药后第 2 天回水浸田，第 3 天排浅水抛秧，但这种方法需依具体情况慎重进行。

抛秧前，如果杂草及落粒稻谷萌发长出的秧苗较多，每公顷可在抛秧前 2~3d 排干田水，使用 74.7%草甘膦铵盐水溶粒剂 0.75~1.5kg，兑水 300~375kg 喷施。

抛秧前，如果发现田块因脚印太多太深，可以用农家铁耙简单推平而不需翻耕，排水留浅水后即可抛秧。

2. 品种选择

免耕抛秧与常耕抛秧一样，对品种（组合）一般无特殊要求。但根据免耕抛秧稻立苗慢、根系分布浅、分蘖能力差等生长特点，在生产上宜选择分蘖力强、根系发达、茎秆粗壮、抗逆性强的水稻品种（组合）。另外，还要注意选择生育期适中的品种

（组合），做好熟期搭配，确保安全齐穗。

3. 播种育苗

（1）适期播种

免耕抛秧稻播种期与常耕抛秧稻播种期相同。应根据抛秧移植叶龄小、秧龄短的特点，以当地插秧最佳期向前推算，一般早稻移植秧龄 20~25d，晚稻移植秧龄 15~20d。桂南稻作区早稻在 3 月上旬，晚稻在 7 月 10—15 日播种；桂中稻作区早稻在 3 月中旬，晚稻在 7 月上旬播种，最迟不超过 7 月 10 日播种；桂北稻作区早稻在 3 月中旬末至下旬初，晚稻在 6 月下旬末至 7 月初播种，最迟不超过 7 月 5 日播种。

（2）精细育苗

免耕抛秧育苗方法与常耕抛秧育苗方法大同小异，但其对秧苗素质的要求更高，应采用孔径较大的塑盘育苗，培育适龄带蘖矮壮秧。主要有以下两种育苗方法。

①壮秧剂育苗方法。一是盘底撒施：每公顷大田所需秧畦用壮秧剂 15kg 与适量干细泥拌匀，然后撒施在整好的畦面上，再摆盘播种。二是塑盘孔穴施：每公顷大田用壮秧剂 7.5kg 与适量的干细泥或泥架拌匀，然后撒施或灌满秧盘，再播种。

②多效唑育秧方法。拌种：按每千克干谷种用多效唑 1~2g（早稻）或 2~3g（晚稻）的比例计算多效唑用量，加入适量水

将多效唑调成糊状，然后将经过处理、催芽破胸露白的种子放入拌匀，稍干后即可播种。浸种：先浸种消毒，然后按每千克水加入多效唑0.1g的比例配制成多效唑溶液，将种子放入该药液中浸10~12h后催芽。喷施：种子未经多效唑处理的，应在秧苗一叶一心期用0.02%~0.03%多效唑药液喷施。

4. 移植抛栽

抛植密度要根据品种特性、秧苗质量、土壤肥力、施肥水平、抛秧期及产量水平等因素综合确定。免耕抛秧的抛植密度要比常耕抛秧的抛植密度有所增加，一般增加10%左右。一般情况下．每公顷的抛植蔸数，高肥力田块，早稻抛12万~30万蔸、晚稻抛30万~33万蔸；中等肥力田块，早稻抛30万~33万蔸、晚稻抛33万~36万蔸；低肥力田块，早稻抛33万~34.5万蔸、晚稻抛36万~37.5万蔸。抛秧应选在晴天或阴天进行，避免在大雨天操作，抛秧时保持大田泥皮水，施足基肥即可抛秧。

5. 稻田管理

(1) 抛秧后芽前杂草处理

早稻在抛秧后5~7d。晚稻在抛秧后4~5d，结合施肥使用抛秧田除草剂，如每公顷可选用18.5%抛秧净300~375g或53%苯噻苄525~600g拌细土或尿素后撒施灭草，并保持田水3~5d。

（2）水分管理

与常耕抛秧方式比较，免耕稻田前期渗漏比较多，秧苗入泥浅或不入泥，大部分秧苗倾斜、平躺在田面，以后根系的生长和分布也较浅，对水分要求极为敏感。因此，在水分管理上要掌握勤灌浅灌、多露轻晒的原则。

①立苗期。早稻抛秧后5～7d、晚稻抛秧后3～5d是秧苗的扎根立苗期，应在泥皮水抛秧的基础上，继续保持浅水，以利早立苗。如遇大雨，应及时将水排干，以防漂秧。此时期若灌深水，则易造成倒苗、漂苗，不利于扎根；若田面完全无水易造成叶片萎蔫，根系生长缓慢。

②分蘖期。始蘖至够苗期，应采取薄水促分蘖，切忌灌深水。根据免耕抛秧够苗时间比常耕抛秧稻迟2～3d、最大分蘖数较低、成穗率较高的生育特点，应适当推迟控苗时间，采取多露轻晒的方式露晒田。

③孕穗至抽穗扬花期。幼穗分化期后保持田土湿润，在花粉母细胞减数分裂期要灌深水养穗，严防缺水受旱。抽穗期，田中保持浅水层，使抽穗快而整齐，并有利于开花授粉。

④灌浆结实期。灌浆期间采取湿润灌溉，保持田面干干湿湿至黄熟期，注意不能过早断水，以免影响结实率和千粒重。如果是早稻收割后季晚稻免耕抛秧的田块，应保持田块收割时松软又

不陷脚，以利于晚稻免耕抛秧。

(3) 肥料施用

大田肥料施用量和施肥方法要根据免耕田表土层富集养分、下层养分较少的养分分布特点和免耕抛秧稻立苗慢、根系分布浅、有效分蘖期晚、最大分蘖数低等生育特点进行。一般免耕抛秧稻全生育期施肥总量要比常耕抛秧稻增加10%左右。一般每公顷产干谷7 500~8 250kg，每公顷施纯氮总量为125~180kg，氮、磷、钾比例为1：0.5：0.8。具体施肥方法如下。

①基肥。基肥在抛秧前1~2d施用，每公顷施用足量的腐熟农家肥和300kg复合肥作基肥。或者每公顷施用碳铵375kg、过磷酸钙450kg、氯化钾75kg作基肥。

②分蘖肥。扎根立苗后进行第一次追肥，一般早稻抛后5~7d、晚稻抛3~5d施用，每公顷施尿素和氯化钾各105~150kg，促进禾苗早生快发。早稻抛后15~20d、晚稻抛后12~15d进行第二次追肥，每公顷施尿素75kg、氯化钾75kg。

③穗粒肥。在幼穗分化第五期（剑叶露尖）或幼穗分化第七期末（大胎裂肚）根据禾苗长势施用第三次追肥，每公顷施用磷酸二铵75~105kg。若后期光照条件较好，群体适中、叶色偏淡的稻田，每公顷可施尿素30~45kg或磷酸二铵75kg。齐穗期后看苗喷施叶面肥，每公顷用磷酸二氢钾2.25kg加尿素

3.75kg，兑水750kg喷施。

6. 病虫害防治

免耕抛秧稻与常耕抛秧稻的病虫害发生规律和防治方法大同小异，要切实做好稻瘟病、纹枯病、白叶枯病、细菌性条斑病及福寿螺、三化螟、稻纵卷叶螟、稻飞虱、稻瘿蚊等病虫害的防治。特别要注意加强第三代稻纵卷叶螟、稻飞虱、稻纹枯病及后期穗茎瘟的预测预报和防治工作。

### （三）水稻免耕套播技术

套播稻是将水稻种子套播在未收获的前茬内的免耕土壤上，前茬收后配套管理的一种特殊的稻作方式。其优势主要表现在省工、省秧田和缓解生育期紧张的矛盾。

1. 选择适宜的水稻品种和应用田块

水稻品种以穗粒并重和大穗型品种较适宜。应用田块要求田面平整，田内外沟系配套，灌排方便，杂草较少。

2. 抓好前期立苗

主要有种子处理、适期播种、防止鼠、雀害等方面。水稻种子播前需先晒种2~3d，用泥水选种，去除空瘪谷。在前茬小麦（油菜）收前5~7d，每公顷干种子90~120kg加浸种灵30g，使咪鲜胺30g浸种48h，使种子吸足水，但不需催芽，按种子、稠泥浆、干细土1∶0.5∶2的比例混合，揉成种子泥团颗粒；在正常气候条件下，套播期以小麦（油菜）收前1~3d较适宜，遇阴雨可提前播种，苏南在5月25日至5月底前播完。要求按畦播种，均匀撒播，田头、地角适量增加播种量欲作移栽苗。小麦收割用桂林（4L2215型）全喂入稻麦两用联合收割机，收时留高茬30~40cm，使秸秆均匀覆盖田面，并注意不在土壤含水率过高时烂田作业，以免机械反复碾压．毁坏田面，影响出苗或伤苗；防止鼠、雀害，可在播种时用拌过鼠药的稻谷丢放在田块四周进行毒杀。出苗不匀的田块可采取移密补稀的方法，在麦收后15d内进行。

3. 抓好水分管理

出苗前后保持湿润，在前茬小麦（油菜）收获后及时灌跑马水。采取速灌，一次性灌透，使全田土壤吸足水。速排，田间高墩浸透后迅速排水，确保第二天出太阳前田间不积水；3叶期后分蘖期浅水勤灌，切忌深水淹苗，影响分蘖；够苗后及时晒田，适度轻搁；灌浆结实期干湿交替，防止断水过早。

4. 抓好肥料管理

免耕套播水稻在产量因素中成穗数与每穗实粒数很不稳定。因此。施肥管理应以稳定穗数，提高每穗实粒数为重点。氮肥使用总量控制在225~260kg/hm$^2$纯氮较适宜。氮肥运筹分为分蘖肥与穗肥。2次肥料的比例为6：4或7：3。分蘖肥宜分次施用，

第一次在出苗后断奶期，每公顷施尿素 75～105kg。第二次在稻苗进入 6 叶期，每公顷施尿素 115～150kg 加 45%（15：15：15）复混肥 375kg。孕穗肥以促花为主，在 7 月下旬每公顷施尿素 150kg 加氯化钾 115～150kg。

（四）免耕稻田小苗移栽技术

免耕稻田小苗移栽种植技术是在前作收获后，不进行犁耙翻耕，而是通过化学除草、泡田后，直接将矮壮小苗带土移栽到稻田的一种水稻栽培方法。免耕稻田由于表层只有一层薄糊泥，不利于大苗栽插，插后返青慢、成活率低；而在翻耕田移栽小苗，则由于糊泥层太深，往往造成栽插过深，同样影响插秧及返青和低节位分蘖发生。因此，免耕与小苗移栽结合，充分发挥了小苗移栽早发、高产和免耕省工、节本、环保两种栽培方式的优势。

1. 选择适宜的稻田和品种

应选择水源充足、排灌方便、耕层深厚、田面平整、杂草少和保水、保肥能力强的稻田作免耕田；易旱田或浅瘦漏的沙质田不宜作免耕田。品种一般宜选择根系发达、分蘖力强、茎秆粗壮、抗倒能力强的优质、高产品种。注意选择生育期适中的品种，以便能安全齐穗。

2. 除草灭茬

在移栽前根据稻田杂草的种类，选择合适的灭生性除草剂杀死杂草和摧枯残桩。对以一年生杂草和残桩为主的稻田，一般用触杀性除草剂，见效快；对多年生杂草多的稻田，一般用内吸性除草剂，虽然见效慢，但能杀死根系，除草彻底；为提高除草效果，也可两种不同类型的除草剂混合用；同时，要根据除草剂的安全期和有效期适时施用，施用时要放干稻田水。移栽后5~7d还要再施1次芽前除草剂。

3. 促进土壤松软

为使土壤表层糊软，以利栽插，要尽早灌水泡田，一般冬闲田和冷浸田可在冬前就灌水沲田；绿肥田应在移栽前20d喷施除草剂，过5~7d草黄后泡田；冬作田应在前茬收获后及时清除残茬泡田；晚稻田应齐泥割早稻，割后立即喷施除草剂，施后1~3d灌水泡田，最好在插秧前再用滚耙轧耙1遍。为打破土壤板结，促进养分下渗，减少养分表层富集，移栽前可喷施成都新朝阳公司生产的“免深耕”土壤调理剂。一般草少的稻田可与除草剂同时施用，草多的稻田要在喷除草剂后，等草枯后施用。二晚田与除草剂同时施用，施用时先放干稻田中水，于地表湿润时，每公顷稻田用“免深耕”3kg兑水900~1 500kg喷于地表，过3d后再灌水继续泡田。虽然移栽时看不到明显的松土效果，但它能由上而下逐步打破土壤板结，增加土壤孔隙度，实现土壤无耕而松，改善水稻全生育期的土壤环境，促进根系生长和

早熟。

4. 培育矮壮秧

提倡用旱床育秧，并注意适当稀播。早稻的秧本田比以1∶40为宜。一季稻以1∶30为宜，二晚以1∶20为宜，同时，要严格控制秧龄，一般叶龄2.5~3.5叶移栽为宜，最好不超过5叶；采用湿润育秧也可，但控制秧龄和苗高，需带土移栽。

5. 合理栽插

合理栽插要做到以下3点。一是在温度允许范围内，尽早移栽，以充分发挥小苗移栽的优势。二是改浅水插秧为无水层插秧。一般早、中稻在栽后过1d再灌薄水返青；如果在下午移栽，第二天上午灌薄水返青，以利秧苗扎根。三是适当减少栽插密度。因小苗移栽的分蘖多，比大苗移栽减少密度，一般一季稻每公顷插12万~15万蔸，双季稻插2.25万~3.7万蔸，既节省用种，又节省插秧用工。

6. 加强大田管理技术

大田管理技术基本上同常规旱床育秧栽培，但要强调以下4点。

(1) 要注意增施有机肥，以改良土壤

有机肥最好以饼肥、商品有机肥、充分腐烂的厩肥为主，也可适当施些秸秆，但要在收割时切碎结合化学除草施下，最好作冬作物的植盖物，过冬腐烂后作第一年水稻的肥料。

（2）实施“氮肥后移，少量多次”的施肥法

此法可以减少前期养分表层富集的损失和防止后期脱肥。基肥占20%~25%，在移栽前2~3d施下。返青分蘖肥占40%~45%，双季稻可在栽后5~7d结合施芽前除草剂施下，一季稻分别在栽后5d和12d施下。穗肥占25%~30%，在孕穗期施。粒肥占5%~10%，于始穗期施。

（3）提倡“以水带肥”施肥技术

即施肥时无水，施后灌水，通过水将肥料带入下层土壤，以防下层土壤养分不足，提高肥料的利用率。

（4）注意提早晒田控制无效分蘖

一般在有效分蘖临界期前，当苗数达到计划穗数的10%时开始晒田，做到“苗到不等时，时到不等苗”，并坚持多次轻晒，以促进根系生长和深扎，防止倒伏。后期坚持干湿促籽，养根保叶，防止早衰。

## 二、秸秆还田覆盖保护性耕作技术

稻草的综合利用有传统的直接还田和堆沤后还田。直接还田是水稻收割后，将稻草整株或切断撒在田面，用机械或牛力翻压；堆沤后还田是采用传统的高温堆沤法。在稻草上泼一层人粪

尿和适量的石灰水或用微生物菌肥促其腐烂后还田。以上两种方法虽然都可利用稻草的有机质和营养元素补充土壤肥力，但烦琐费力，劳动强度和成本都较高。

目前，研究得较多的是秸秆覆盖栽培技术。秸秆覆盖在培肥土壤上的效果与传统方法相似，经三季稻草覆盖 1.32 万 $kg/hm^2$ 后，土壤有机质含量增加 23.5%，耕层土壤全氮、碱解氮、缓效钾、速效钾含量分别增加 21.4%、31.1%、40.0%、80.0%，有效锌、有效硅分别增加 80.0%、60.4%。同时，秸秆覆盖技术操作简单易行，劳动强度低。深受农民欢迎。

（一）秸秆覆盖免耕栽培水稻

秸秆覆盖免耕栽培水稻技术是指前作收获后，将秸秆均匀撒施田面后栽培水稻的技术。根据水稻移栽方式，又可分为秸秆覆盖免耕直播、栽插和抛秧技术。

秸秆覆盖免耕栽培水稻具良好的生态和经济效益。具体表现在以下几个方面。

在土壤微生态环境方面：与稻草翻压还田比较，稻草覆盖免耕稻田水温降低 3~5℃、土温降低 1~3℃，有利于晚稻返青和分蘖；土壤还原性物质总量和活性还原物质含量分别低 15.6% 和 13.0%，土壤中细菌和真菌数量高，土壤释放甲烷量小；与无草耕耙和无草免耕比较，除甲烷释放量较高外，其他则表现相似。

在土壤肥力方面：将新鲜早稻草撒施在田中翻压后移栽晚稻的方法，在水稻生长前期由于土壤微生物在分解稻草过程中大量繁殖，与水稻争氮素的矛盾较突出，影响水稻的苗期生长；而秸秆覆盖免耕土壤的还原性低，土壤中细菌和真菌数量高，能促进秸秆腐烂，为晚稻的生长发育提供足够的有机营养。

1. 育秧与插秧

采用旱育秧技术，在旱床稀播培育苗体矮健、抗逆能力强的适龄多蘖壮秧。小麦（或油菜）收获后，不进行常规的带水翻、耙或旋耕等作业，只将田面及四周适当清整，疏理好排灌系统，即可选阴雨天或晴天的下午直接在板田面以33~40cm间距开3~4cm深的浅沟，在沟内栽植旱育秧苗。栽植时可先做窝后再将秧苗栽于窝内，以少量泥土固苗；也可用小铲刀等工具边剜窝边栽植，栽植窝距为20~25cm，每公顷做窝12万~15万个，每窝1~2株，视水稻品种和秧苗素质而定。栽完后放浅水灌溉，保持2~3d田面有薄水。同时，用麦糠、绒麦草和油菜荚壳等均匀覆盖水稻行间，秸秆用量为3~4.5t/hm$^2$。

2. 稻田管理

秧苗返青后，根据水稻生长发育和降水情况，以湿润灌溉为主。即分蘖期保持沟内或窝际有水，行间土壤和覆盖物水分含量接近饱和状态，但无明显水层，以利水稻分蘖的发生和秸秆软化

腐烂。分蘖数量达到预计产量所要求的有效穗数量时，晒田控苗10d左右。进入拔节期以后，若天气多雨，田间土壤水分含量基本达饱和状态，就不进行灌溉；若雨水不足，土壤水分含量低于田间持水量的90%时，即放水浸灌，以保证水稻正常生长发育，每次灌水量以浸润田面覆盖物而不露明显水面为度。孕穗至抽穗期和追肥后适当增加田间水量。

（二）稻草覆盖免耕旱作技术

稻草覆盖免耕旱作技术是指在水稻收获后。播种油菜、大麦、小麦、马铃薯、蔬菜等旱地作物，然后将稻草均匀覆盖还田的保护性耕作技术。除具有培肥土壤的作用外，稻草覆盖免耕旱作技术的主要优点还表现在对土壤物理结构的改善上。三季稻草覆盖（1.32万$kg/hm^2$）后，土壤有机质、富里酸、胡敏素的含量分别增加23.5%、8.3%、38.0%；胡敏素/富里酸比值增加13.0%，土壤腐殖化程度增加2.1%；同时，土壤总孔隙度、毛管孔隙度、非毛管孔隙度、田间持水量等随稻草覆盖次数增加而增加，土壤容重随覆盖次数的增加而降低，土壤物理结构得到改良。另外，稻草覆盖还为化学除草提供了有利条件，因为稻草覆盖的遮光作用及其分解物对杂草种子的萌发与生长有抑制作用。稻草覆盖免耕直播能明显地促进油菜的营养生长，冬前根重、绿叶片数、鲜叶重、干叶重等均较常规栽培增加，油菜籽增产

$129kg/hm^2$。中国水稻研究所的试验表明，采用马铃薯稻田免耕全程覆盖栽培技术，每公顷能获得鲜薯22 500kg 以上。同时，由于该技术将种薯直接摆放在免耕稻田上，用稻草全程覆盖，薯块长在草下的土面上，收获时只要拨开稻草就能拣收马铃薯，省工、劳动强度低。蔬菜地覆盖稻草除能提高土壤肥力外，在春季能提高地温，夏季降低地温，减少水分蒸发，降低土壤含盐量，防止土壤板结，有利根系生长。

## 三、休闲期的保护性耕作技术

### (一) 休耕

我国南方稻区的休耕是指冬、春休闲，即晚稻收后。空闲一个冬（春）季，来年再进行水稻生产。尽管休耕可以积聚养分、恢复地力，但由于风化和雨水淋洗，休耕易造成水土流失，稻田弱结合的阳离子镁、钾、钠流失比率增加，土壤 pH 值以及导电度有所降低。因此，不妨利用冬闲田种植绿肥。不仅能防止水土流失，还能培肥地力。

### (二) 休闲期绿色覆盖技术

绿肥具有增加土壤有机质、培肥地力和改良土壤的重要作用。我国南方冬季绿肥主要有紫云英、苕子、黄花苜蓿、肥田萝卜、蚕豆、豌豆等。由于种植紫云英等传统绿肥效益低，导致一

些地区土壤有机质含量降低，土壤肥力下降。适宜南方稻区采用的高经济效益绿色覆盖作物有豌豆、蔬菜等。豌豆既是一种经济效益较高的经济作物，又是一种绿肥作物，每季可生物固氮45.7kg/hm²。休闲期栽培豌豆，不仅培肥地力，而且能够增粮、增收。豌豆—稻—稻复种早稻移栽期提前，促进了水稻高产，全年稻谷产量达到14 615kg/hm²，豌豆—稻—稻每公顷年利润达16 298元。利用水稻收后至来年水稻播栽前的冬闲期因地制宜栽种蔬菜的种植模式在我国南方郊区广为流行，它是实现“粮（稻）、钱（菜）一起上”的有力保证。

# 参考文献

卜祥，姜河，赵明远，2020. 农作物保护性耕作与高产栽培新技术［M］. 北京：中国农业科学技术出版社.

何进，王晓燕，2009. 北方地区保护性耕作技术与应用［M］. 北京：中国农业科学技术出版社.

黄国勤，2020. 稻田保护性耕作：理论、模式与技术［M］. 北京：中国农业出版社.

刘安东，2014. 玉米保护性耕作技术问答［M］. 沈阳：沈阳出版社.

刘欣，逄焕成，高希君，2016. 保护性耕作技术 60 问［M］. 沈阳：辽宁大学出版社.

路战远，2019. 北方农、牧交错区保护性耕作研究［M］. 北京：中国农业出版社.

孟海兵，许飞鸣，2008. 秸秆还田及综合利用技术［M］. 北京：中国农业科学技术出版社.

# 附录一　东北黑土地保护性耕作行动计划（2020—2025年）

保护性耕作是一种以农作物秸秆覆盖还田、免（少）耕播种为主要内容的现代耕作技术体系，能够有效减轻土壤风蚀水蚀、增加土壤肥力和保墒抗旱能力、提高农业生态和经济效益。经过多年努力，我国东北地区保护性耕作取得明显进展，技术模式总体定型，关键机具基本过关，已经具备在适宜区域全面推广应用的基础。为深入贯彻习近平总书记关于对东北黑土地实行战略性保护的重要指示精神，认真落实党中央、国务院决策部署，加快保护性耕作推广应用，制定本行动计划。

一、总体要求

（一）指导思想。以习近平新时代中国特色社会主义思想为指导，全面贯彻党的十九大和十九届二中、三中、四中全会精神，坚持稳中求进工作总基调，落实新发展理念，以农业供给侧结构性改革为主线，坚持生态优先、用养结合，通过政府与市场两端发力、农机与农艺深度融合、科技支撑与主体培育并重、重点突破与整体推进并举、稳产丰产与节本增效兼顾，逐步在东北地区适宜区域全面推广应用保护性耕作，促进东北黑土地保护和农业可持续发展。

（二）行动目标。将东北地区（辽宁省、吉林省、黑龙江省和内蒙古自治区的赤峰市、通辽市、兴安盟、呼伦贝尔市）玉米生产作为保护性耕作推广应用的重点，兼顾大豆、小麦等作物生产。力争到2025年，保护性耕作实施面积达到1.4亿亩，占东北地区适宜区域耕地总面积的70%左右，形成较为完善的保护性耕作政策支持体系、技术装备体系和推广应用体系。经过持续努力，保护性耕作成为东北地区适宜区域农业主流耕作技术，耕地质量和农业综合生产能力稳定提升，生态、经济和社会效益明显增强。

（三）技术路线。重点推广秸秆覆盖还田免耕和秸秆覆盖还田少耕两种保护性耕作技术类型。各地可结合本地区土壤、水分、积温、经营规模等实际情况，充分尊重农民意愿，创新完善和推广适宜本地区的具体技术模式，不搞“一刀切”。在具体应用中，应尽量增加秸秆覆盖还田比例，增强土壤蓄水保墒能力，提高土壤有机质含量，培肥地力；采取免耕少耕，减少土壤扰动，减轻风蚀水蚀，防止土壤退化；采用高性能免耕播种机械，

确保播种质量。根据土壤情况，可进行必要的深松。

二、行动安排

（一）组织整县推进。

1. 稳步扩大实施面积。东北四省（区）人民政府要从现有工作基础等实际情况出发，在稳定粮食生产的前提下，积极稳妥确定保护性耕作年度实施区域和面积。优先选择已有较好应用基础的县（市、区），分批开展整县推进，用3年左右时间，在县域内形成技术能到位、运行可持续的长效机制，保护性耕作面积占比原则上超过县域内适宜区域的50%以上，在其他县（市、区）扎实开展保护性耕作试点示范，循序渐进、逐步扩大实施面积，条件成熟的可组织整乡整村推进。

2. 推动高质量发展。以整体推进县（市、区）为重点，以新型农业经营主体为载体，以科研和推广单位为支撑，通过政策持续支持，在县、乡两级建设一批高标准保护性耕作应用基地（每个县级基地集中连片面积原则上不少于1 000亩、乡镇级不少于200亩），打造高标准保护性耕作长期应用样板和新装备新技术集成优化展示基地。

（二）强化技术支撑。

1. 组建专家指导组。农业农村部组织成立由农机、栽培、土肥、植保等多学科专家组成的东北黑土地保护性耕作专家指导组，为实施行动计划提供决策服务和技术支撑。东北四省（区）农业农村部门分别成立省级专家组，研究制定主推技术模式和技术标准，开展技术培训与交流，指导基地建设。

2. 布局长期监测点。重点开展耕地土壤理化、生物性状、生产成本、作物产量变化、病虫草害变化和机具装备适用性等情况的监测试验，促进技术模式优化和机具装备升级。

3. 加强基础研究。支持科研院所、大专院校与骨干企业、新型农业经营主体、推广服务机构合作共建保护性耕作科研平台，研究基础性、长远性技术问题，建立健全东北黑土地保护性耕作理论体系。

（三）提升装备能力。

1. 推进研发创新。引导科研单位、机械制造企业、材料工业企业集中优势力量，共建保护性耕作装备创新联盟和研发平台。开展高性能免耕播种机核心部件研发攻关，重点突破播种机切盘的金属材料及加工工艺、电控高速精量排种器的设计与制造等难题，加快产业化步伐。

2. 完善标准体系。围绕保障保护性耕作关键机具产品质量、关键生产环节作业质量，抓紧制修订一批相关标准规范和操作规程。根据不同区域、作物特点，优化保护性耕作装备整体配置方案。

3. 增加有效供给。鼓励免耕播种机等关键机具制造企业加快技术改造、扩大中高端产品生产能力。发挥农机购置补贴政策导向作用，引导农民购置秸秆还田机、高性能免耕播种机、精准施药机械、深松机械等保护性耕作机具。

（四）壮大实施主体。

1. 支持服务主体发展。支持有条件的农机合作社等农业社会化服务组织承担保护性耕作补贴作业任务，带动各类新型农业经营主体和农户积极应用保护性耕作技术，培育壮大技术过硬、运行规范的保护性耕作专业服务队伍。

2. 推进服务机制创新。鼓励农业社会化服务组织与农户建立稳固的合作关系，支持采用订单作业、生产托管等方式，积极发展“全程机械化+综合农事”服务，实现机具共享、互利共赢，带动规模化经营、标准化作业。

3. 加强培训指导。利用高素质农民培育工程等项目，培养一批熟练掌握保护性耕作技术的生产经营能手、农机作业能手。广泛开展“田间日”等体验式、参与式培训活动，通过农民群众喜闻乐见的方式，提高保护性耕作科普效果，促进技术进村入户。

三、保障措施

（一）加强组织领导。东北四省（区）要把在适宜区域推广应用保护性耕作作为一项重要任务，抓紧抓实，久久为功。省级政府和市县政府要成立负责同志牵头的保护性耕作推进行动领导小组，建立政府主导、上下联动、各相关部门齐抓共管的工作机制，组织制定行动方案，明确重点实施区域、主推技术模式、实施进度和保障措施，做好相关资金保障和工作力量统筹。农业农村部要加强总体统筹协调和组织调度，适时组织开展第三方评估，会同财政部等部门研究解决保护性耕作推广应用工作中的重大问题，重要情况及时报告国务院。

（二）加强政策扶持。国家有关部门和东北四省（区）在乡村振兴、粮食安全、自然资源、农田水利、生态环境保护等工作布局中，要统筹考虑在东北地区适宜区域全面推行保护性耕作的目标导向，做到措施要求有机衔接。中央财政通过现有渠道积极支持东北地区保护性耕作发展。地方政府要因地制宜完善保护性耕作发展政策体系，根据工作进展统筹利用相关资金，将秸秆覆盖还田、免（少）耕等绿色生产方式推广应用作为优先支持方向，尽量做到实施区域、受益主体、实施地块“三聚焦”，切实发挥政策集聚效应。

（三）加强监督考评。东北四省（区）要将推进保护性耕作列入年度工作重点，细化分解目标任务，合理安排工作进度，制定验收标准，健全责任体系，确保按时保质完成各项任务。鼓励

各地积极采用信息化手段提高监管工作效率，建立健全耕地质量监测评价机制。东北四省（区）要在2020年3月底以前，将本省（区）行动方案及2020年工作安排报农业农村部备案。

（四）加强宣传引导。各有关方面要充分利用广播、电视、报刊和新媒体，广泛宣传推广应用保护性耕作的重要意义、技术路线和政策措施，及时总结成效经验，推介典型案例，凝聚社会共识，营造良好的社会环境和舆论氛围。

# 附录二　东北黑土地保护性耕作行动计划实施指导意见

加快在东北适宜区域全面推行保护性耕作，对于遏制黑土地退化、恢复提升耕地地力、夯实国家粮食安全基础，具有重要意义。为推动《东北黑土地保护性耕作行动计划（2020—2025年）》（以下简称《行动计划》）有序规范实施，提出以下指导意见。

一、总体要求

深入实施东北黑土地保护性耕作行动计划，坚持生态优先、用养结合、稳产丰产、节本增效导向，强化组织领导和政策引导，通过政府与市场两端发力，农机与农艺深度融合，科技支撑与产业培育并重，技术创新与机制创新并行，整体推进扩面与重点突破提质并举，加快在东北适宜区域全面推行保护性耕作，促进东北黑土地保护和农业可持续发展。

二、实施区域

《行动计划》在辽宁省、吉林省、黑龙江省和内蒙古自治区

的赤峰市、通辽市、兴安盟、呼伦贝尔市实施。重点支持玉米生产应用保护性耕作技术，兼顾大豆、小麦等作物生产。

三、实施目标

（一）总体目标。力争到2025年，东北地区保护性耕作面积达到1.4亿亩，占东北适宜区域耕地总面积的70%。形成完善的保护性耕作政策支持体系，充分调动广大农民和地方发展保护性耕作的积极性。形成完善的保护性耕作技术装备体系，夯实全面推行保护性耕作的物质技术基础。形成完善的保护性耕作推广体系和社会化服务体系，保障技术应用规范到位。经过持续努力，保护性耕作成为东北适宜区域主流耕作技术，实施区域耕地质量和农业综合生产能力稳定提升，生态、经济和社会效益明显增强。

（二）年度目标。在稳定粮食生产的前提下，积极稳妥确定保护性耕作具体实施区域和年度实施目标。实施面积计划要与农户的认知接受程度和关键机具保障服务能力相适应，充分尊重农民意愿，不搞强迫命令。2020年在东北四省（区）实施保护性耕作4 000万亩（其中内蒙古自治区700万亩、辽宁省800万亩、吉林省1 300万亩、黑龙江省1 200万亩），每个省（区）建设保护性耕作整体推进县不少于8个、县乡级高标准保护性耕作应用基地不少于30个。2021—2025年各省（区）年度任务，根据前一年度实施情况具体确定。

四、技术要求

重点推广秸秆覆盖还田免耕和秸秆覆盖还田少耕两种保护性耕作技术类型。各地要结合土壤、水分、积温、作物行距、经营规模等实际情况，创新优化和推广具体的秸秆覆盖免（少）耕播种技术模式，配套完善病虫草害防治、水肥运用和深松等田间管理技术。要在保障粮食稳产丰产的前提下，尽量提高秸秆地表覆盖比例，尽量降低耕作次数和强度，减少土壤扰动，提升保护性耕作质量。

保护性耕作实施具体技术要求包括：前茬作物秋收后应将秸秆覆盖还田和留茬，除了必要的深松外，不进行旋耕犁耕整地作业，避免越冬农田裸露；春播时采用免耕播种机一次性完成开沟、播种、施肥、镇压等复式作业，对于秸秆量大的田块，可采用秸秆集行、条带耕作等少耕方式处理地表秸秆，确保播种质量。对于高标准保护性耕作应用基地实施地块，原则上应做到秸秆全量覆盖免（少）耕播种，地表土壤扰动面不超过30%。四省（区）应据此及时制修订适宜不同区域的主推技术模式及标准规范。

五、政策支持

（一）保护性耕作补助。中央财政从现有渠道安排东北黑土

地保护性耕作补助资金，以“大专项+任务清单”管理方式下达地方实施。省级农业农村、财政部门要根据农业农村部、财政部下达的任务清单，科学测算分配中央财政相关补助资金，支持开展秸秆覆盖免（少）耕播种作业及建设高标准保护性耕作应用基地。秸秆覆盖免（少）耕播种作业补助对象为实施保护性耕作的农业经营主体和作业服务主体；补助标准由各地综合考虑本辖区工作基础、技术模式、成本费用等因素确定，可对不同区域不同技术模式实行差异化补助；鼓励各地采取政府购买服务、“先作业后补助、先公示后兑现”等方式实施，支持有条件的农机合作社等农业社会化服务组织承担补助作业任务，提高补助实施效率和作业质量。各地要统筹用好相关资金，加大保护性耕作整体推进县和县乡级高标准应用基地建设的支持力度，鼓励先行先试、连续实施。

（二）政策衔接配合。东北四省（区）地方政府要因地制宜完善保护性耕作发展政策体系，统筹其他相关政策共同推进《行动计划》有效实施，切实发挥政策集聚效应。要充分发挥农机购置补贴政策导向作用，对保护性耕作机具实行优先补贴。保护性耕作实施项目县要做好秸秆覆盖免（少）耕播种作业补助与农作物秸秆综合利用、深松整地、黑土地保护试点等耕地质量提升政策的衔接配合，既要同向用力，又要各有侧重，切实提高财政资金使用效益。

六、组织实施

（一）组织领导。东北四省（区）要把在适宜区域推广应用保护性耕作，作为“政府的事”“生态的事”“战略的事”，抓紧抓实，久久为功。推动省级政府和市县政府成立负责同志牵头的保护性耕作推进行动领导小组，建立政府主导、上下联动、各相关部门齐抓共管的工作机制，做好相关资金保障和工作力量统筹，确保有钱干事、有人干事、把事干好。省级和市县农业农村部门要成立由主要负责同志牵头的实施领导小组，具体组织落实推进行动目标任务。

（二）制定方案。东北四省（区）要将本省（区）保护性耕作推进行动方案（2020—2025 年），于 2020 年 3 月 31 日前以省级政府文件报农业农村部、财政部备案。各省级农业农村部门会同财政部门，组织制定本辖区年度实施方案，明确实施区域、主推技术模式、实施面积目标、整体推进县及高标准应用基地建设安排、支持政策措施、补助标准、实施要求和保障措施等内容。省级年度实施方案在下发实施前要与农业农村部、财政部充分沟通，并于每年 3 月底前报农业农村部、财政部备案。

（三）培训指导。农业农村部组织成立东北黑土地保护性耕作专家指导组（名单见附件），各省（区）分别成立省级专家

组，为实施行动计划提供决策服务和技术支撑。各地要加强对保护性耕作实施主体的技术培训，培育专业服务队伍，促进技术规范应用。通过现场演示、微信视频、宣传挂图等多种形式，加强对农民群众、乡村干部的科普宣传，促进技术进村入户。各地要强化对高标准保护性耕作应用基地的技术指导，打造长期应用样板、宣传培训阵地及固定监测点。组织科研单位开展监测点数据监测分析工作，促进技术模式优化。

（四）监督管理。各省级农业农村部门、财政部门要及时将中央财政支持保护性耕作的政策措施和省级年度实施方案向社会发布，督促指导基层农业农村部门、财政部门按规定做好补助对象、资金安排等信息公开公示工作，通过多种渠道宣传解读政策，广泛接受社会监督。各地要明确补助作业地块的验收标准，强化具体监管措施，严防虚报补助作业面积、降低作业标准、套取财政补助资金等违规行为发生。鼓励地方采用“物联网+监管”、遥感等信息化手段，远程监测保护性耕作作业面积、作业轨迹、作业质量等，力争3年内基本实现保护性耕作补助作业地块信息化远程监测全覆盖，切实提高监管效率和监管精准性。督促各项目县建立专门的实施档案，相关文件资料、信息化平台数据等要留存备查。农业农村部适时委托第三方通过遥感、田间实地抽查等措施，对保护性耕作区域实施效果开展动态监测。适时组织开展保护性耕作机具质量调查，督促生产企业改进产品性能和服务质量。

（五）绩效考核。推动东北四省（区）各级政府将推进保护性耕作列入年度工作重点，细化分解目标任务，健全责任体系，强化督导考核，确保按时保质完成各项任务。省级财政、农业农村部门要按照《农业相关转移支付资金绩效管理办法》等规定，建立以绩效评价为导向的项目资金安排机制，将政策目标实现情况、任务清单完成情况、组织实施情况、培训指导情况、资金使用监督管理情况等纳入指标体系，严格奖惩措施，不断提高财政资金使用效益。

（六）调度督导。东北四省（区）各级农业农村部门要建立保护性耕作推进行动定期调度督导机制，及时掌握并逐级上报目标任务阶段性落实情况。省级农业农村、财政部门要加强保护性耕作相关项目日常监督管理，及时妥善处理执行中的问题，重大事项及时向农业农村部、财政部报告。省级农业农村部门在每年4月20日—5月31日期间，以周报形式向农业农村部报送保护性耕作作业进度；在9月30日前报送保护性耕作补助资金执行情况及下年度安排计划；在11月30日前报送保护性耕作推进行动年度工作总结及绩效自评报告。农业农村部加强统筹协调和组织调度，会同财政部等部门研究解决保护性耕作推广应用中的重大问题，重要情况将及时报告国务院。